ほんとうのエコシステムってなに？

漁業・林業を知ると世界がわかる

二平章・佐藤宣子／編著

農文協

『テーマで探求　世界の食・農林漁業・環境』(全3巻) 刊行のことば

　ロシアによるウクライナ侵攻や原油と食料の価格高騰は、これまで当たり前と思い込んでいた食料の確保が本当は難しいことだという事実を私たちの目の前に突き付けました。同時に、これらのことは、日々の食料を確保する上で平和が決定的に重要であることも私たちに教えてくれます。このため、日々の暮らしの中では遠い存在だった農林漁業に関心を持つ人たちが増えています。

　実際、農林漁業は、食べることと住むことを通じて私たちのいのちと暮らしに深くかかわっています。また農林漁業は個人の暮らしだけでなく、地域、流域（森里川海の循環）、日本、さらには世界とつながっています。加えて、私たちの社会や経済の基盤になっている環境、生物多様性、文化、景観を守るという重要な役割も果たしているのです。

　編者らは以上の認識に立ち、本シリーズが中学・高校の探究学習にも役立てられることを念頭に、以下の3点を目的として本シリーズを上梓します。

① 農林漁業がもつ多彩で幅広いつながりを理解するための手がかりを提供する。
② 農林漁業の多様な役割を守り発展させるのに、小規模な家族農林漁業が重要であることを示し、しかもそのことが私たちの暮らす地域や国土を維持するうえで不可欠であることに、読者が気づけるようにする。
③ 世界各地の熱波、大型ハリケーン、大洪水、また日本でも頻発している集中豪雨や山崩れと、これらの「災害」を引き起こす「気候危機」、さらに安定的な農業生産を損なう生物多様性の喪失、プラスチックによる海洋汚染、2011年3月11日の原発事故、新型コロナウイルスなどの感染症、加えて戦争や為替レートの急変などのさまざまなリスクに対して、近代農業と食農システムはたいへんもろく、その大胆な変革が必要になっている。この問題を話し合うきっかけを提示する。

　本シリーズで扱うテーマは、いずれも簡単にひとつの答えを出せるような問題ではありません。本書の読者、とりわけ若い世代の人たちが、身近な生活を入口に地球環境や世界への問いを持ち続け、より深く考え続けること―その手がかりとして本書が活用されることを願っています。

2023年1月
編者を代表して　池上甲一

本書の読み方

【*Theme*：テーマ編】

［**導入ページ**］と［**解説ページ**］の2ステップで、漁業と林業に関するさまざまなテーマを解説します。取り上げるテーマは、水産物と国際関係、魚の資源変動、天然林と人工林、災害と森林との関係、など。

［導入ページ］

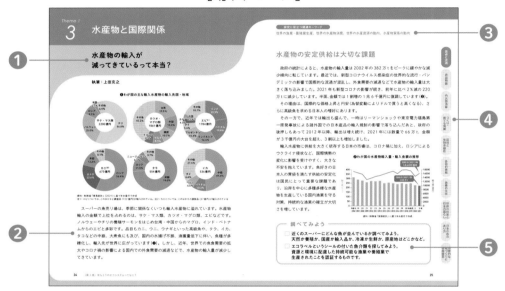

［解説ページ］

【 Column ：コラム編 】

テーマ編とは異なる角度で、より深く学びたいトピックや、キャリア選択にも役立つレポートなどを紹介しています。

❶ キークエスチョン	冒頭に、漁業と林業に関する素朴な疑問、考える"種"となる問いかけを配置	
❷ テーマ編／本文	キークエスチョンに応答する形で、取り上げたテーマの概要を解説	
❸ 探究に役立つ関連キーワード	検索などで調べる際に役立つキーワード	
❹ 分野	資源問題、環境と生物多様性、世界の林業と日本の暮らし、持続的な森づくりと林業経営など、本書で取り上げる内容を10に分類	
❺ 調べてみよう	より進んだ学びのアイデアとして、調べ方、具体的な行動などを提案	
❻ テーマ編／解説	［導入ページ］の内容の背景、歴史的経緯など、さらに深掘りして解説	
❼ もっと学ぶための参考文献・資料	関連本やWEBサイトなどを紹介	
❽ コラム編／本文	テーマ編とは異なる角度で解説	

はじめに
── 海と森林に恵まれた国の未来にむけて　(二平 章)

　「水の惑星」といわれる地球はその表面積の 71％が海で 29％が陸地です。陸地のうち森林面積は 40 億 ha で、全陸地面積の 31％を占めます。日本は南北に連なる多数の島々からなり、その面積は 38 万 km² で世界第 61 位です。しかも山が多く地形が急峻なため農地面積は少なく、国土面積が日本と比較的ちかいフランスやドイツ、イギリス、イタリアなどは国土に対する農地面積割合が 42 〜 71％であるのに比べ、日本はわずか 12％です。

　こうした数字から、日本は「小さな国」であるというイメージが一般的です。しかし、海や森林に目をむけるとどうでしょうか。

　漁業資源に対する沿岸国の管轄権が認められる 200 海里（370km）までの海洋面積は 447 万 km² と陸地面積の 12 倍で世界第 6 位です。また、国土に対する森林面積の割合は、世界平均の 31％やヨーロッパ諸国の 12 〜 31％に対して日本は 68％と、OECD に加盟する先進 37 カ国のなかではフィンランド（74％）やスウェーデン（69％）に次ぐ第 3 位の水準です。このように、日本は世界のなかでも海と森林に恵まれた自然豊かな国であるといえるのです。

海や森林の恵みは魚介類・木材だけではない

　人間にとって海は重要な食料資源となるさまざまな魚介類を、また、森林は人間生活に大切な木材などを提供しています。海や森林はこれら人間生活にとって直接的に役に立つ生産物を供給するだけではありません。

　地球表面の 7 割を占める広大な海は常に大気中に水を蒸発させ、雲をつくり地上に雨を降らせ、川水や地下水として再び海に戻る巨大な「水の循環」をつくりだします。そして豊かな森林はこの雨水をたくわえ少しずつゆっくりと水を流す「緑のダム」として洪水や土砂流出を防ぎ国土を保全し、そして森林のつくりだす栄養を海に供給します。さらに、海や森林は大気中の二酸化炭素を大量に吸収し、地球温暖化防止に貢献しています。

　海や森林は環境の多様性とともに多くの生物種が棲息する生物多様性の高い世界でも

あります。多様な生物種は複雑な食物連鎖関係を通して海と森林にそれぞれ独特のエコシステム（生態系）をつくりだします。現在までに知られている海の生物種は23万種ですが、とくに、日本の200海里内は海洋生物における世界最大の生物多様性をもつ海で、地球全体の海洋面積のわずか1.5％の海に全海洋生物種数の15％が分布するホットスポットなのです。また、世界の森林は他の陸地域に比べはるかに多くの生物が生息する「生物の宝庫」であり、陸域の生物種の8〜9割にあたる160万種に生息・生育の場を提供しています。

持続する自然環境、持続可能な林業・漁業を実現するには

　1962年にレーチェル・カーソンは「沈黙の春」で、「安全」の追求をないがしろにし「利便」を求める人間社会が、地上生物を農薬により滅ぼしている世界を書き上げました。人間の文明は本来、人間が自らの生命と生活の安全のために、自然に働きかけてつくりだしたものですが、「安全」を無視し「利便・効率・利潤」のみを追求し続ける人間の営みが、人間の生存そのものを脅かす「環境の危機」を生み出していることを指摘したのです。

　10年後の1972年にはローマクラブが資源と地球の有限性に着目し「人口増加と環境破壊により、成長が100年を待たずに限界に達する」とする「成長の限界」を発表、地球環境の危機を世界に訴えました。そして、1980年にはIUCN（国際自然保護連合）が「世界環境保全戦略」を発表し、キーワードとしてサステナブル・ディベロップメント（SD：持続可能な開発）の概念をはじめて提示したのです。

　SDは、水や物質の循環、および生物の多様性とその連関から成り立つエコシステムを保全し、その枠のなかで人間のニーズを満たしていくような発展をはかることです。エコシステムは地球の生命維持システムともいえ、その維持は持続可能な世界をつくるための17の目標であるSDGs（持続可能な開発目標）の基本ともいえます。

　「成長の限界」報告から50年、世界人口は、今や80億人を超えたとされ、大気中の二酸化炭素も急速に増え続けています。人間の生活や経済活動により農地や森林などの陸地、漁場となる海をどれだけ使用しているかを示す環境指標「エコロジカル・フットプリント」では、人間はすでに地球の環境容量の1.8倍の負荷を地球に与えているとされています。

　このような時代に生きている私たちは、これからどのようにすれば持続可能な地球環境、そして自然豊かな日本の海や森林生態系を次世代に引き継いでいくことができるのか、また、その海や森林を基盤とする漁業や林業などを持続可能な産業として発展させていくことができるのかを、本書を通して読者の皆さんと一緒に考えていきたいと思います。

漁業の未来

The Future of Fishing

1 魚食と健康

魚を食べると頭が良くなるの？

執筆：二平 章

❶刺身

写真提供：さかな文化研究室

　20年前に「おさかな天国」というコマーシャルソングが発表され、スーパーのおさかなコーナーでよく流されていました。終りの方の歌詞が「サカナ　サカナ　サカナ　サカナを食べると　アタマ アタマ アタマ　アタマが良くなる　サカナ サカナ サカナ　サカナを食べると　カラダ カラダ カラダ　カラダにいいのさ　さあさ みんなでサカナを食べよう　サカナはぼくらを待っている Oh！」です。実は魚には陸上動植物にはほとんど含まれない DHA（ドコサヘキサエン酸）が多く含まれ、この DHA が脳の発達促進や認知症予防、視力低下予防、動脈硬化の予防改善、抗がん作用に効果のあることが多くの研究で明らかになり、世界中で魚を食べる人が増えてきています（❶）。

JASRAC 出 2301793-301

食卓と流通

資源問題

内水面漁業

つくり・育てる漁業

環境と生物多様性

多面的機能

漁業の未来

世界の林業と日本の暮らし

日本の森のあり方

持続的な森づくりと林業経営

DHA、EPA、脂肪酸、ニューロン細胞

人類の脳の発達には魚のDHAが重要な役割を果たした

　中国では「吃魚可使頭脳聡明」、イギリスでは「Fish is brain food」という言い伝えがあり、古くから「魚を食べると頭の働きが良くなる」ことが知られていました。しかし、科学的にそのことを報告したのはイギリス脳栄養学研究所のクロフォード教授です。クロフォード教授は1972年に「DHA（ドコサヘキサエン酸）が足りないと、脳障害につながる」と発表、さらに1989年には「原動力」という本で「世界の四大文明（エジプト・インダス・メソポタミア・黄河）は、いずれも河川流域に集中して発祥している。農耕技術を持たなかった当時の人びとが、その河川で獲れる魚介類を主食にしていたことは明らかだ。魚介類をたくさん摂取することが、人類の脳の進化に大きな影響を与えてきた」「日本の子供が欧米に比較して知能指数が高いのは、日本人が魚中心の食生活を営んできたことに起因する」「魚に含まれるDHA（ドコサヘキサエン酸）が脳の発達に大きくかかわっている」と報告、世界に驚きを与えました。

　アフリカに住んでいた人類（ヒト）の祖先がチンパンジーやボノボの祖先と別れたのは約700万年前です。その頃の人類の脳の重量はチンパンジーと同様で約400gでした。しかし、その後、ホモ・ハビルス、ホモ・エレクトス、そして現生人類であるホモ・サピエンスに進化するまでに脳容量はそれぞれ600、940、1350gと大きくなっていきました（❷）。クロフォード教授は、人類の脳の発達には魚介類が持つDHA（ドコサヘキサエン酸）の摂取無しには考えられず、人類は海や川、湖に隣接した地域に住み、魚介類を食物として生きてきたからこそ、進化・発展をとげることができたとしました。その後、世界中で魚のDHAと脳の働き、身体の健康効果についての研究がたくさん行なわれ、今では研究者の間では「サカナを食べるとアタマとカラダに良い」ことは一致した意見となっています。

❷人類の進化と脳重量の変化

種	生存年代	脳重量
アウストラロピテクス・アフリカヌス	300万〜220万年前	450g
ホモ・ハビルス	190万〜150万年前	600g
ホモ・エレクトス	180万〜30万年前	940g
ホモ・ハイデルベルゲンシス	60万〜20万年前	1200g
ホモ・ネアンデルターレンシス	20万〜4万年前	1490g
ホモ・サピエンス	10万〜1万年前	1490g
ホモ・サピエンス	現在	1350g

注：島泰三（2020）『魚食の人類史』NHK出版のデータより作成

13

DHAとEPA　その栄養効果

　脂質は炭水化物やタンパク質と同様にエネルギーをつくりだす栄養素のひとつで、タンパク質や糖質の約 2 倍のエネルギーをつくり出す。脂質を構成している「脂肪酸」は、肉や乳製品の脂など常温で固体の飽和脂肪酸と、植物や魚の油など常温で液体の不飽和脂肪酸に分けられる。不飽和脂肪酸には一価不飽和脂肪酸、多価不飽和脂肪酸があり、多価不飽和脂肪酸には体内ではできない n-3 系脂肪酸、n-6 系脂肪酸がある。この 2 つは必須脂肪酸と呼ばれ、食事からでなければ摂取できない大事な栄養素だ。牛や豚、鶏肉の脂質には飽和脂肪酸や一価不飽和脂肪酸のオレイン酸が、植物由来の脂質にはn-6 系多価不飽和脂肪酸のリノール酸が多いのに対し、魚の脂質には n-3 系高度不飽和脂肪酸であるDHA（ドコサヘキサエン酸）と EPA（エイコサペンタエン酸）が多く含まれている。

　多くの研究で DHA や EPA などの n-3 系高度不飽和脂肪酸には、①血液中のコレステロール濃度を低下させ動脈硬化を予防する、②血液をサラサラにする、③炎症を抑える、④ガンの発生を予防するなどの働きがあることがわかってきた。また、DHA を投与したネズミと DHA が欠乏したネズミを用いた数多い実験から、DHA には頭の働きを良くして、記憶学習能力を高める力があることも実証されている。DHA は脳脂質の 10 ％を占める主要な成分である。n-3 系脂肪酸には α-リノレン酸や EPA もあるが、これらの物質は脳には存在せず、頭を良くする点では DHA が主役である。脳には 140 億個の細胞があり、ニューロンという神経細胞とグリアという支持細胞からなる。ニューロン細胞は普通の細胞と異なり、自分で突起を出して、他のニューロンとつながりネットワークをつくる。突起の先にシナプスという部位があり、ここから神経伝達物質を出して情報伝達をしている。DHA が欠乏するとこの突起やシナプスがなくなり情報伝達ができなくなる（❸）。記憶能力を高めるには DHA が必要なのである。

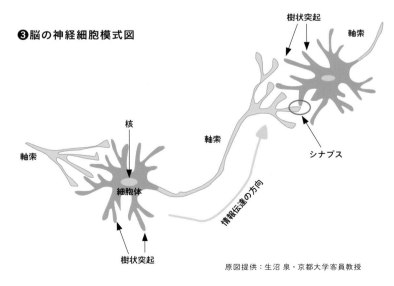

❸脳の神経細胞模式図

原図提供：生沼 泉・京都大学客員教授

もっと学ぶための参考文献・資料

● 鈴木平光（1991）『魚を食べると頭が良くなる』KK ベストセラーズ
● 鈴木たね子（2013）『なぜ、魚は健康にいいと言われるのか?』成山堂書店
● 島 泰三（2020）『魚食の人類史』NHK 出版

解説 2　海の生態系はDHAの「生産工場」

　ほとんどの魚介類にはDHAが含まれている。特に多いのはマグロ、サバ、サケのスジコ、サンマ、ブリ、ウナギ、カツオ、マイワシなどである（❹）。DHAやEPAは陸上の動物（牛・豚・鶏）や豆類、穀物、野菜、果物にはまったくと言えるほど含まれていない。

　人間はα-リノレン酸を原料としてDHAやEPAを体内で生産することができるが、α-リノレン酸からDHAやEPAに変換できる割合は10〜15%にすぎない。α-リノレン酸はホウレンソウやチンゲンサイなどの青物野菜には含まれるが、人間がこれらの野菜からα-リノレン酸を摂取し体内でDHAを生産しようとすると、毎日、大量の青物野菜を食べ続けなければならず現実的ではない。

　それではなぜ魚介類にはDHAやEPAがたくさん含まれているのだろう。海の中にはα-リノレン酸をもつ植物プランクトンが莫大な量存在し、日々生産されている。これを動物プランクトンが食べ、そしてこの動物プランクトンをサンマやイワシなどの小型魚類が食べ、最後にこれらの小型魚類などをマグロなどの大型魚類が食べる食物連鎖構造が海洋生態系の特徴である。この食物連鎖の中で上位の魚介類にはDHAやEPAが生物濃縮されていく。人間がDHAやEPAを摂取するためには、青物野菜のα-リノレン酸から体内合成するよりもDHAを蓄積した魚介類を直接食べるほうが、はるかに効率が良い方法である。人類進化の過程で人類の祖先が魚介類を食べて脳容量を増大させたとする考えの根拠はここにある。

❹ DHA・EPA の含有量表示をした北海道産イワシ缶詰

写真提供：さかな文化研究室

食卓と流通

資源問題

内水面漁業

つくり・育てる漁業

環境と生物多様性

多面的機能

漁業の未来

世界の林業と日本の暮らし

日本の森のあり方

持続的な森づくりと林業経営

出前授業 魚には骨がある

執筆：大森良美

「みなさんは、魚が好きですか？」「魚を上手に食べることはできますか？」

授業の冒頭で、児童・生徒に呼びかけます（❶）。魚が好きと答える人がクラスで大多数を占めることはあっても、上手に食べることができると答える人は多くありません。魚を上手に食べることは難しいのでしょうか？

❶授業風景（板橋区立中学校）

◎骨のことを知れば上手に食べられるようになる

魚には骨がある。これは誰もが知っている当たり前のことですが、この魚の骨が、魚が嫌われる一番の理由になっています。しかし、骨は魚だけにあるものではありませんし、骨がある場所は決まっています。「どんな骨がどこにあって、どのように注意をすれば骨のある魚を上手に食べることができるのか」。これを学ぶことが、この授業の目的です。

そのため、この出前授業のゴールは、給食時間に魚（マアジ）の塩焼きを実食することです。しかし授業内容は魚の骨のことばかりではありません。前半は、①魚の栄養、②魚食の歴史、③水産業の現状、④食用魚介類の自給率、⑤私たちはどんな魚を食べているのか、⑥魚介類の旬、⑦その地域で獲れる魚介類の紹介など、魚や水産業のさまざまな話題で進みます。

そして本題へと入っていきます。①魚とヒトが同じ祖先から進化したこと、②魚類からほ乳類のウシ、ヒトへの進化、③魚類のなかでの進化、④魚の体の仕組み、⑥魚を食べる時に注意する骨、⑦魚の種類によって違う骨など、ヒトと同じ脊

❷クロマグロの脊椎骨

椎動物である魚を身近に感じながら、骨について学びます。さらにクロマグロの脊椎骨の標本を実際に触って、その質感を理解します（❷）。

◎魚をきれいに食べられるのはカッコイイ

　さあ、いよいよ実践。その日の給食にはマアジの塩焼きが登場します。もちろん頭から尾まで付いた丸1尾（エラと内蔵は取り除く）です。魚を食べる時に大切なのは、骨がある場所や骨の形を知ることだけではありません。箸を正しく持ち、適切に使うことも大切です。特に箸で魚の身を押し広げることは魚を食べるためには重要です（❸）。

　このようなことを書くと、面倒に思えるかもしれませんが、塩焼きの実食では、まずは挑戦してみるように伝えています。たとえばサンマの塩焼きを食べた時、頭と脊椎骨と尾だけが残された姿を見たことはありませんか？　きれいに食べることができた皿はカッコイイものです。

❸給食。マアジの塩焼き

　実は、和食のマナーなどはあまり気にせず、しかし、魚の骨の場所は思い描きながら「まずは骨のある魚にチャレンジして下さい」というのが、出前授業「魚には骨がある」に込められたメッセージです。

食卓と流通

資源問題

内水面漁業

つくり・育てる漁業

環境と生物多様性

多面的機能

漁業の未来

世界の林業と日本の暮らし

日本の森のあり方

持続的な森づくりと林業経営

魚と食育

執筆：根本悦子

◎日本の風土がつくった魚食文化

　日本には豊かな自然と春夏秋冬の季節があり、四季折々の食べ物があることが魅力です。気候風土に合った稲作と地域の多種多様な水産物が日々の生活のなかで結びついてきました。魚食文化は、米を主食に魚と大豆を主要蛋白源にしながら麹菌による発酵調味料の発展とともに育まれてきました。特に世界でも類を見ないほど、近海でとれる水産物を利用した加工品があります。海藻類では海苔・とろろこぶ・寒天・灰干しわかめ、魚介類では鰹節・なまり節・煮干・干物・塩辛・しょっつる・練り製品・糠漬・麹漬・昆布締・缶詰などです。そこには長年培ってきた日本人の知恵と知識、技術が蓄積されています。水産物は昔から日々の食生活に欠かせないものとして、正月や節句などの季節料理や各種儀式料理にも取り入れられているのです。

◎魚食の民から肉食の民に？

❶魚と肉の１人当たり年間消費量の推移（水産白書）

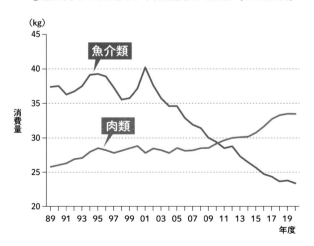

　水産白書（2021）によれば、日本人１人当たりの魚介類の年間消費量は2020年度には23.4kgとなり、ピークだった01年度40.2kgの58％にまで落ち込みました（❶）。対照的に肉類消費量は右肩上がりで、11年度に初めて肉類が魚介類を上回り、その後格差が広がり、20年度の肉類消費量は33.5kgと魚介類を約10kgも上回りました。魚介類

❷イワシ料理をする幼稚園児　写真提供：さかな文化研究室

消費の落ち込みの要因としては、共働き世帯や単身世帯・高齢者世帯の増加、コロナによる家庭での調理時間の減少、簡便化やテイクアウト志向が進展したことが考えられます。この影響で食選力（旬の食材の選び方）や料理力（食材の使い切り方法）、食事マナー（箸での骨付き魚の食べ方など）の劣化、郷土料理の伝承者不足などが深刻になっています。スーパーではサケやブリなどの切り身、しらす、マグロの刺身など短時間で調理できる魚に人気があります。また、家庭では魚を焼くとグリルが汚れるとの理由で使われなくなり、メーカーは汚れ防止のフタ付きグリルパンやフライパンで焼けるホイルシートを普及しています。また、スーパーでは魚を下ろしたり包丁を研ぐサービスも増えてきました。魚を食べる機会が減ったとはいえ、魚食が体に良いことは、ほとんどの方が理解しています。しかし、青魚が食べたいと思っても時間がなく、調理ができないため、簡便な肉料理に移行してしまうという悪循環になっているのです。

◎身につけよう！　魚の調理力

日本の風土に根ざした伝統的な魚食文化を次世代に伝えていくためには、次のようなことが大切です。①学校給食メニューに地元の食材を中心とした魚料理を取り入れること。②保育園、幼稚園、小中学校、高校で外部講師の協力を得ながら魚料理実習を行なっていくこと（❷）。③魚料理市民講座（❸）や地元の魚を知り季節の魚料理を楽しむ市民サロンなどを開催していくこと。④これらを通して、魚の美味しさを知り、魚の調理力をつけること。

❸魚料理市民講座　写真提供：さかな文化研究室

食卓と流通

資源問題

内水面漁業

つくり・育てる漁業

環境と生物多様性

多面的機能

漁業の未来

世界の林業と日本の暮らし

日本の森のあり方

持続的な森づくりと林業経営

2 海から食卓へ 変わる水産物の流通

回転寿司の魚は地元で 水揚げされる魚なの？

執筆：川島 卓

❶寿司のにぎり

写真提供：さかな文化研究室

　美味しい魚がたくさん獲れる富山県で、夏休みに小学生が魚市場の見学に来ました。小学生は回転寿司でよく食べる「サーモンとかマグロはないのですか？」と質問。市場の人は「そういう魚はここには水揚げされないよ」と答えました。小学生は「なーんだ、つまらない」と市場見学への興味はいっぺんに消え失せてしまったそうです。今の時代、子どもたちと魚との接点は回転寿司です。テーブル席を持つ大型店の登場で、子ども連れの家族にとっては格好の団らん場所になりました。しかしそこで提供される魚の多くは地元で水揚げされた魚ではありません。1年を通して同じ魚が食べられるように、海外を含め遠くで生産された魚を商社や水産会社から仕入れているのです（❶）。

寿司ネタに「なれる魚」と「なれない魚」

　回転寿司が誕生したのは1958年です。旋回式のコンベアによる提供方式、自動給茶装置、シャリ玉製造ロボット、タッチパネル式注文システム、注文品を届ける特急レーンなど、従来の常識にとらわれないイノベーションを引き起こし、「うまい・安い・早い」の三拍子そろった「お寿司の大衆化」を実現しました。ところが回転寿司が繁栄する裏で、寿司ネタに「なれる魚」と「なれない魚」とが分かれてきます。回転寿司大手のお店の定番は、サーモン、マグロ、ブリ、イカ、エビ、タイ、ホタテガイなど、どれも大量に漁獲されるか養殖生産される魚介類です。加工処理を一括して行ない、全国すべてのチェーン店で同じ味を提供するために同一規格で大量提供可能な魚だけが選ばれるのです（❷）。

　その結果、魚処理に職人の技を必要とする地魚は利用されなくなりました。日本の海には3千種以上の魚が生息しています。美味しい魚でも認知度が低い、量がまとまらない、規格がそろわないなどの理由で、回転寿司には利用されない魚がたくさんいます。しかし、近年、回転寿司のなかでも地域の卸売市場に密着し、少量でも価値ある魚を見出して、店内でさばくことで大手との差別化を図ろうとする流れも出てきています。魚食には、その季節にしか食べられない旬の魚やその地域ならではの地魚を味わうという楽しみもあるからです。魚離れがすすむ日本の食ですが、回転寿司だけは大人気です。回転寿司が安さや手軽さに加え、身近な四季折々の魚介類と出会う場となり、魚市場を訪れた小学生が、目を輝かせるようになると良いですね。

❷「従来の寿司店」と「大手回転寿司」の
　調達方法の違い

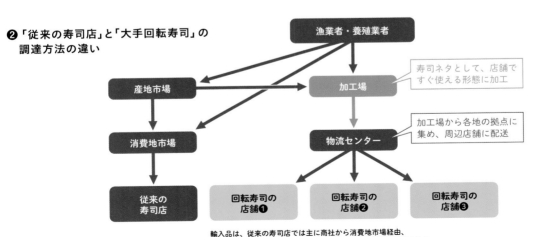

輸入品は、従来の寿司店では主に商社から消費地市場経由、
回転寿司では商社から加工場または物流センター経由で供給される

出所：回転寿司の部分は『回転寿司おもしろ大百科』（2015年、永岡書店）を参考に作図

食卓と流通

資源問題

内水面漁業

つくり・育てる漁業

環境と生物多様性

多面的機能

漁業の未来

世界の林業と日本の暮らし

日本の森のあり方

持続的な森づくりと林業経営

産地市場の役割
── 魚の価格はいつ決まるのか

　水産物の流通では、水揚げされた魚はまず産地卸売市場でセリや入札にかけられる。食べる側からすれば、直接、消費地へ送らないことを疑問に思うかもしれない。なぜ産地で価格を決めるのだろう。たとえば大きな網で大量に漁獲したイワシやサバでは、価値が異なるものが混ざっているのが普通である（❸）。そこで産地市場で買い取った業者は自社の作業場に持ち帰り、形の大小や鮮度の良し悪しなどから、生鮮消費や食品加工向けなどの食用、およびその他の用途に選別する。このうち生鮮消費向けの魚は即座に消費地へ送り、それ以外は用途別に業者へ販売するが、食用にならない魚の価格は安く、買い取り原価を下回ることが多い。そこで採算を取るために食用、特に生鮮消費向けの価格を高く設定する。消費地の魚の価格が産地市場での価格に比べてきわめて高いと感じられるのはこのためなのである。

　一方、沿岸漁業者が一本釣りしたマグロのように、ほぼ生鮮消費に向けられるものでは、産地では価格を決めずに消費地にある卸売市場へ送ることもある。たとえば青森県の大間漁港に水揚げされたマグロは、地元漁協を介して消費地市場へ販売委託という形で送られ、受託した卸売業者がセリにかけて価格を決定する。2019年に漁業者に聞いたところ、消費地市場の卸売業者は販売金額から販売手数料5.5％と荷扱い経費（荷おろし代、通信料など）を差し引いて、出荷者である地元漁協に支払う。地元漁協は受け取った金額から荷扱い手数料5.5％と施設使用料1％（下処理の経費など）と出荷経費（箱代、氷代、運賃など）を差し引いて漁業者に支払う。結果的に漁業者のフトコロに入るのは、消費地市場における販売金額の70〜75％位である。

　このように、水産物の価格は産地市場や消費地市場で決められ、その価格が一連の取引の拠り所となっている。特に産地市場はさまざまな用途の分岐点として大切な役割を果たしている。

❸マイワシとさば類の用途別出荷量割合（2020年）

マイワシ

- その他の食用加工品向け（2.9％）
- ねり製品・すり身向け（0.6％）
- 缶詰向け（4.1％）
- 生鮮食用向け（16.2％）
- 養殖用または漁業用飼料向け（39.0％）
- 魚油・飼肥料向け（37.2％）

マイワシ 用途別出荷量 436632t（100％）

さば類

- 魚油・飼肥料向け（0.5％）
- ねり製品・すり身向け（0.2％）
- 生鮮食用向け（11.9％）
- その他の食用加工品向け（17.3％）
- 養殖用または漁業用飼料向け（40.8％）
- 缶詰向け（29.3％）

さば類 用途別出荷量 261892t（100％）

資料：農林水産省産地水産物用途別出荷量調査

もっと学ぶための参考文献・資料

● 濱田武士（2016）『魚と日本人・食と職の経済学』岩波新書
● 横浜市中央卸売市場魚食普及推進協議会（2022）「もったいないを考えよう〜おしえて未利用魚〜」（YouTube 動画）
　https://www.youtube.com/watch?v=V5QFepOIU4A

解説2　卸売市場とは何か
── 現代に通ずる自由と平等

　物流技術やデジタル化の進展により、水産物の流通は百花繚乱のごとく見える。ただし素材で流通する天然鮮魚では、卸売市場が中心であることは変わらない。

　卸売市場の制度ができたのは1923（大正12）年、都市人口が急増し、第一次大戦によるインフレなどから米騒動が起きた時代である。当時の流通では、買い占めや売り惜しみ、情報や交渉力の格差に乗じた詐欺的な行為が横行していた。政府諮問機関である生産調査会は1912（大正元）年、社会政策上の見地から、荷を一カ所に集めて監督下で取引する「魚市場法案」を審議決定し、農商務大臣に答申した。議会上程までには至らなかったが、その骨子は後年に制定される法律の根幹となった。この法案提出に携わった中心人物こそ同会副会長だった渋沢栄一である。以来、卸売市場の制度は当初の理念を継承しつつも変容を重ねて今日に至っている。

　では、卸売市場は一般的な物流センターと何が違うのだろう。よく卸売市場の役割として、集荷・分荷、価格決定、代金決済、情報伝達といった物流や商流に関わる機能があげられる。しかしこれらは一般的な行為であって、最大の特徴は公益性にある。卸売市場は誰もが業務利用できることが保障されている。卸売業者は取引先に対する差別的な取扱いを禁止され、特に中央卸売市場では、卸売業者は出荷者から販売委託があれば拒否することはできない。需要を調整する機能も重要な役割である。生鮮食品では供給量の変動が激しく、見込まれる需要量と一致しないのが普通だが、日々の価格の上げ下げが需要の抑制や喚起を促し、その価格は公表されて卸売市場以外にも影響する。

　日本では欧米諸国ほど大手小売業者による流通寡占化が進んでいない。卸売市場の発達が流通の近代化、合理化に寄与したからである。買い物弱者の増加が社会問題となる中、その公益性が着目され、卸売市場は地域を支える食料供給拠点として、大きく期待される存在となっている（❹）。

❹卸売市場で働く人々

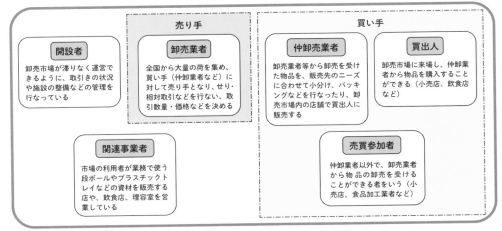

資料：農林水産省

食卓と流通

資源問題

内水面漁業

つくり・育てる漁業

環境と生物多様性

多面的機能

漁業の未来

世界の林業と日本の暮らし

日本の森のあり方

持続的な森づくりと林業経営

3 水産物と国際関係

水産物の輸入が
減ってきているって本当？

執筆：上田克之

❶わが国の主な輸入水産物の輸入先国・地域

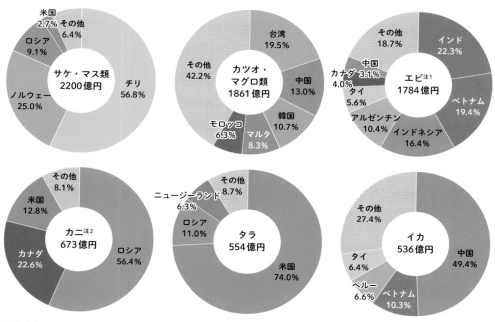

資料：財務省「貿易統計」（2021）に基づき水産庁で作成
注1：エビについては、このほかエビ調製品（722億円）が輸入されている。注2：カニについては、このほかカニ調製品（37億円）が輸入されている

　スーパーの魚売り場は、季節に関係なくいつも輸入水産物に溢れています。水産物輸入の金額で上位を占めるのは、サケ・マス類、カツオ・マグロ類、エビなどです。ノルウェーやチリの養殖サーモンをはじめ台湾・中国からのマグロ、インド・ベトナムからのエビと多彩です。品目もカニ、ウニ、ウナギといった高級魚や、タラ、イカ、タコなどの中級、大衆魚にも及び、国内の水揚げ不振、漁獲量低下に伴い、魚種が多様化し、輸入先が世界に広がっています（❶）。しかし、近年、世界での魚食需要の拡大やコロナ禍の影響による国内での外食需要の減退などで、水産物の輸入量が減少してきています。

世界の漁業・養殖業生産、世界の水産物消費、世界の水産資源の動向、水産物貿易の動向

水産物の安定供給は大切な課題

　政府の統計によると、水産物の輸入量は2002年の382万tをピークに緩やかな減少傾向に転じています。最近では、新型コロナウイルス感染症の世界的な流行・パンデミックの影響で国際的な流通が混乱し、外食需要の減退などで水産物の輸入量は大きく落ち込みました。2021年も新型コロナの影響が続き、前年に比べ2％減の220万tに減少しています。半面、金額では1割増の1兆6千億円に復調しています（❷）。

　その理由は、国際的な価格上昇と円安（為替変動によりドルで買うと高くなる）、さらに高級魚を求める日本人の嗜好にあります。

　その一方で、近年では輸出も盛んで、一時はリーマンショックや東京電力福島第一原発事故による諸外国での日本産品の輸入規制の影響で落ち込んだあと、政府の後押しもあって2012年以降、輸出は増え続け、2021年には数量で66万t、金額が3千億円の大台を超え、3割以上も増加しました。

　輸入水産物に供給を大きく依存する日本の市場は、コロナ禍に加え、ロシアによるウクライナ侵攻など、国際情勢の変化に影響を受けやすく、大きな不安を抱えています。魚好きの日本人の胃袋を満たす供給の安定化は国民にとって重要な課題であり、沿岸を中心に多種多様な水産物を生産している国内漁業を守る対策、持続的な漁業の確立が大切さを増しています。

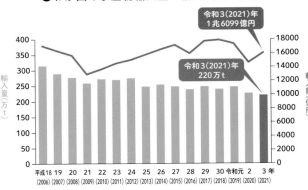

❷わが国の水産物輸入量・輸入金額の推移

令和3(2021)年
1兆6099億円

令和3(2021)年
220万t

資料：財務省「貿易統計」に基づき水産庁で作成

- 調べてみよう

- ☐ 近くのスーパーにどんな魚が並んでいるか調べてみよう。
  天然か養殖か、国産か輸入品か、冷凍か生鮮か、原産地はどこかなど。
- ☐ 水産エコラベルというシールの付いた魚介類を探してみよう。
  資源と環境に配慮した持続可能な漁業や養殖業で
  生産されたことを認証するものです。

食卓と流通

資源問題

内水面漁業

つくり・育てる漁業

環境と生物多様性

多面的機能

漁業の未来

世界の林業と日本の暮らし

日本の森のあり方

持続的な森づくりと林業経営

中国が最大の輸出・輸入国

「魚介類は、地球上最も健康的で、自然環境への影響が少ない食品」とされ、人類の動物性タンパク質の摂取量の6分の1を支えている。また、国を越えて取引される割合の高い国際商材であり、世界の漁業・養殖業生産量の3割以上が輸出に向けられている。そして輸送費の低下と流通技術の向上、人件費の安い国への加工場の移転、貿易自由化の進展を背景として、水産物輸出入量は総じて増加傾向にある。

特に中国による水産物の輸出入量は急激に増え、2000年代なかば以降、単独の国としては世界最大の輸出国かつ輸入国となっている。日本の魚介類消費量は減少傾向にあるものの、現在でも世界で上位の需要があり、国内の漁業生産量（養殖業を含む）および輸入量によって賄われている。

世界の水産物の生産は、増加傾向を続け、消費も拡大している。生産面では養殖を中心に増大し、供給量を伸ばしている。世界の漁業と養殖業を合わせた生産量（国連食糧農業機関FAOの統計）は、中国の増大を背景に増加傾向で推移し、2020年は2億1400万tと過去最高となった。国別では、中国が約4割を占め、次いでインドネシア、インドが続き、日本は400万t台で第10位となっている。

漁業部門別にみると、養殖業の生産量が1億2200万t（同2％増）と、漁業の9100万t（同2％減）を上回っている。1990年頃から、漁業は横ばいの状況が続いている一方で、養殖業が大きく増加し、2013年以降、漁業を凌駕した（❸）。

漁業の漁獲量はニシン・イワシ類が最も多く、欧米や日本に比べ、アジアの新興国などが伸び、養殖業では、コイ・フナ類などの内水面（川・湖沼）の魚種、海藻類、カキなどの貝類などが多く生産され、中国が世界の6割を占めている。

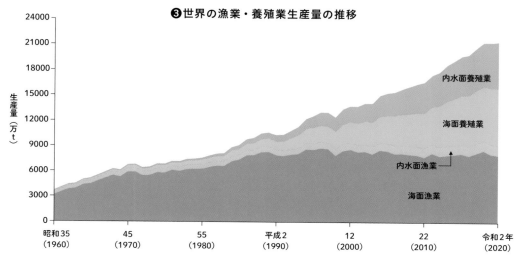

❸世界の漁業・養殖業生産量の推移

資料：FAO「Fishstat（Global capture production、Global aquaculture production）」（日本以外）および農林水産省「漁業・養殖業生産統計」（日本）に基づき水産庁で作成

もっと学ぶための参考文献・資料

●『水産白書』（令和3年度版、水産庁）https://www.jfa.maff.go.jp/j/kikaku/wpaper/R3/220603.html
●『世界漁業・養殖業白書』（2020年版、国連食糧農業機関 FAO 駐日連絡事務所）
　https://www.fao.org/japan/news/detail/jp/c/1280388/
●濱田武士監修（2021）『最新版 図解 知識ゼロからの現代漁業入門』家の光協会

解説 2
持続可能な漁業は世界の65%、残り35%の資源回復が課題

　FAOによれば、生物学的に持続可能な漁業資源の割合は、2019年には65%と推定されている。これは1974年の90%を大幅に下回っており、逆に言えば、乱獲など持続できない漁業が35%を占め、資源管理による回復が緊急の課題となっていることを意味する。また、漁業と養殖業はSDGs（持続可能な開発目標）を促進し、特に14番目の指標「海の豊かさを守ろう」に貢献することが必要だ。海の自然環境が守られないかぎり、持続可能な漁業は不可能である。

　世界では、1人1年当たりの食用魚類の消費量（粗食料ベース）が2019年に過去最高の20.5kgに達し、半世紀で約2倍に増加している。食用魚類の消費量の増加は世界的な傾向だが、とりわけ、従来から魚食習慣のあるアジアやオセアニア地域では、生活水準の向上に伴って顕著な増加を示している。特に、中国では過去50年で約9倍、インドネシアでは約4倍となるなど、新興国を中心とした伸びが目立つ。ただし、日本は40kg台と世界平均の2倍を上回っているものの、半世紀前の水準を下回っており、世界の中では例外的な動きをみせている（❹）。

　ちなみに、日本の1人1年当たりの食用魚介類の消費量を純食料ベースでみれば、2021年には23.2kgと、ピークだった2001年の40.2kgの4割減に落ち込み、過去最低となった。コロナ禍による外食消費の減退、逆に家庭内食の増大などの変化はあるものの、日本独自の「魚離れ」は進んでおり、生産者をはじめ官民一体の魚食普及、消費拡大の取り組みが続いている。

> ＊注：「粗食料」と「純食料」の違い＝「粗食料」は1年間に国内で消費に回された食料のうち食用向けの量を、「純食料」は「粗食料」を人間の消費に直接利用可能な形態に換算した量で、野菜の芯や魚の頭部、内臓などの通常食べない部分を除いた量をそれぞれ指す。

❹世界の1人1年当たり食用魚介類の消費量の推移（粗食料ベース）

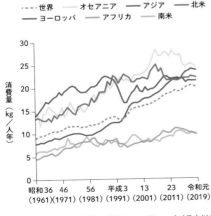

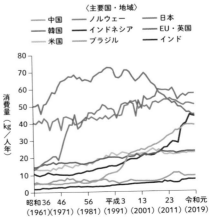

資料：FAO「FAOSTAT（Food Balance Sheets）」（日本以外）および農林水産省「食料需給表」（日本）に基づき水産庁で作成

食卓と流通

資源問題

内水面漁業

つくり・育てる漁業

環境と生物多様性

多面的機能

漁業の未来

世界の林業と日本の暮らし

日本の森のあり方

持続的な森づくりと林業経営

日本人とウナギ食

執筆：井田徹治

◎ウナギの食文化

　日本人は昔からウナギを食べてきました。ウナギの骨は縄文貝塚から見つかるし、万葉集にも「夏の暑さに負けてやせてしまったのなら、ウナギを食べるのがよい」という和歌があります。甘辛いタレをつけて焼く「蒲焼き」（❶）

❶うなぎの蒲焼き

が生まれたのは江戸時代のなかばです。江戸の町には多くのうなぎ屋が店を開き、落語にも登場する人気の食べ物となりました。真夏の「土用の丑の日」に蒲焼きを食べるようになったのも、江戸時代からです。ウナギには他の魚にない不思議な生態があります。日本など東アジアの川で成長したウナギは産卵期になると川を下り海に出て、日本から約 3000km も離れた太平洋で産卵します。卵から孵化した稚魚は海流に乗って日本などの沿岸にたどり着き、川をさかのぼりそこで成長します。

◎消費の動向の変化

　日本のウナギの消費量は 1980 年ごろから急増しました。国内の養殖ウナギ生産量も増えたのですが、ヨーロッパウナギを輸入して養殖し、蒲焼きに加工して日本に輸出するビジネスが中国で急拡大したためでした。2000 年の国内のウナギ供給量は 16 万 t 近くで、30 年間で 3 倍近くに増えました。

　日本人のウナギ食もこの頃から大きく変わりました。それまでは蒲焼きを専門とする町のうなぎ屋で食べることが主流でしたが、パックに入った加工済みの蒲焼きをスーパーマーケットで買い、電子レンジで温めて食べたり、コンビニやファストフードの店で食べることが中心になりました。土用の丑の日前後のスーパーやコンビニ、ファストフード店では、ウナギの蒲焼きが人気商品となりました。

◎ウナギを食べ続けるためには

　ウナギをめぐる大きな問題は、日本近海にくる「ニホンウナギ」の数が、近年、急速に減ったことです。昔は川で多くのウナギが獲れたのですが、川にいる親ウナギの量も、河口にくる「シラスウナギ」と呼ばれる稚魚の量も、この50年ほどの間に急減してしまいました（❷）。今では天然ウナギは、ほとんど獲れません。私たちが食べるウナギのほぼすべてが、シラスウナギを養殖池で育てた「養殖ウナギ」になっています。

　数が急減したため、ニホンウナギは国際的な研究機関や日本の環境省によって「絶滅の恐れがある種」とされてしまいました。ヨーロッパウナギも絶滅危惧種です。川の三面がコンクリート張りになったこと、ダムができて川に上れなくなったことなどが要因とされていますが、獲り過ぎと食べ過ぎ、つまり「乱獲」が大きな原因とされています。

　もうひとつの問題は、サケやタイのように人工的に卵からシラスウナギにまで育てる養殖技術が確立されていないという点です。つまり、「養殖」といっても人間が食べるウナギのすべては天然のウナギに依存しているのです。ウナギが絶滅したらウナギを食べる習慣も途絶えてしまいます。末永くウナギを食べ続けていくためには、人間がウナギを絶滅の恐れがあるまでに減らしたことに配慮し、ウナギが減らないような獲り方や食べ方を身につけ、川の環境をウナギが暮らしやすいものにすることが大切です。

❷ウナギ稚魚（シラスウナギ）漁獲量の減少　資料：水産庁

食卓と流通

資源問題

内水面漁業

つくり・育てる漁業

環境と生物多様性

多面的機能

漁業の未来

世界の林業と日本の暮らし

日本の森のあり方

持続的な森づくりと林業経営

日本の海は水産資源の宝庫

なぜ日本の海は魚が豊かなの？

執筆：二平 章

❶寒流と暖流が流れ魚介類が豊富な日本の海

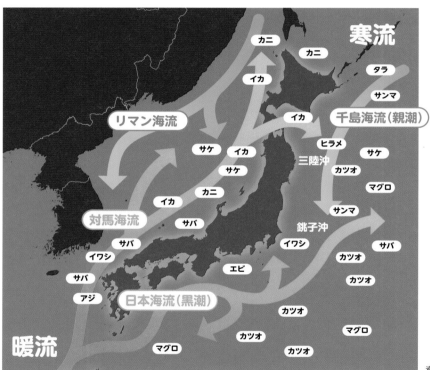

資料：水産庁

　今から約1万6000年前から始まった縄文の時代にはすでにさまざまな漁具がつくられ、縄文人たちは盛んに魚を獲って食べていました。縄文貝塚からは貝類はもちろん、マダイ・クロダイ・スズキ・マグロ・カツオ・イワシ・サバなどの骨がたくさん出土します。奈良・平安の時代にはさまざまな海産物が都に運ばれ、江戸時代には庶民のなかにも寿司をはじめとした魚食文化が花開きました。日本周辺の海は古来より魚介類が豊富な海であり、盛んに漁業が行なわれてきたのです。今では日本周辺の海は世界の三大漁場のひとつと言われています（❶）。

世界有数の好漁場と水産資源に恵まれた国 日本

　日本列島は南北に長く、熱帯域から亜寒帯域に至る幅広い気候帯に属しており、北の海では流氷が、南の海ではサンゴ礁がみられる世界でもめずらしい国です。この日本列島に沿うように、南からは世界最大の暖流である黒潮が流れ、カツオやマグロ、ウナギなど熱帯域で生まれる魚を日本の周辺海域に運ぶ大切な役割を果たしています。北からは栄養塩やプランクトンが豊富な親潮が流れこみ、黒潮と親潮が接する三陸沖の移行領域（黒潮と親潮に挟まれる水域）には多くの魚類が集まります。北西太平洋海域（寒流：親潮、暖流：黒潮、釧路沖・三陸沖・常磐沖）、北東大西洋海域（寒流：東グリーンランド海流、暖流：北太西洋海流、アイスランド・イギリス・ノルウェー近海）、北西大西洋海域（寒流：ラブラドル海流、暖流：メキシコ湾流、アメリカ・カナダ東海岸沖合）は寒流と暖流がぶつかりたくさんの魚が集まることで特に優良な漁場として「世界三大漁場」と呼ばれます（❷）。特に日本近海の北西太平洋海域ではサバ・イワシ・サンマ・マグロ・イカ・サケ・タラ・カレイなどが漁獲され、世界の漁業生産の5分の1以上を生産する世界最大の漁場となっています。日本周辺の海は世界の海の中でも生物多様性がきわめて高く、世界中の約1万5000種の海水魚のうち、約25％にあたる約3700種が生息するたいへんに豊かな魚類に恵まれた海なのです。

❷世界三大漁場

資料：水産庁

食卓と流通

資源問題

内水面漁業

つくり・育てる漁業

環境と生物多様性

多面的機能

漁業の未来

世界の林業と日本の暮らし

日本の森のあり方

持続的な森づくりと林業経営

浅海から深海まで変化に富む日本の海底地形

　「国連海洋法条約」で世界の海は「領海」「接続海域」「排他的経済水域（EEZ）」「公海」の4つに区分される。「領海」とは、沿岸国に所属する海域で基準海岸線から12海里（約22km）まで、「接続海域」とは不法侵入を防止するために沿岸国が規制を定めることのできる海域で24海里（約44km）まで、「排他的経済水域（EEZ）」とは、沿岸国が水産資源や石油資源などを独占的に利用できる海域で200海里（約370km）までの範囲である。「公海」は200海里の外で文字どおりどこの国にも属さない海である。（注：1海里1.852km）

　日本の国土は約38万km²で世界第62位だが、領海と排他的経済水域を合わせた海洋面積は国土面積の12倍の約447万km²もあり、日本は世界第6位の海洋大国である。海洋面積が広大なのは大小6852もの島があるからである。

　日本の海岸線延長距離は約3万5000kmで世界6位、国土面積あたりの延長距離では世界2位だ。日本のどこに住んでも身近なところに海がある国で、日本人が古くから魚食に親しんできた理由はこの地理的条件にある。長く複雑な海岸線には藻場や干潟、砂浜、汽水域、サンゴ礁、マングローブ林があり、浅海魚介類の繁殖、生育、採餌の場として多様な生育環境を提供している。水深0〜200mの比較的なだらかな大陸棚上には浮魚類のイワシ・サバ・アジ・イカ類、底魚類のタラ・カレイ類などたくさんの沖合性魚類も生息している。また、日本列島の周辺海域は、4つの大陸プレートがぶつかる場所に位置するため、プレートの沈み込みにより水深約4000mの南海トラフや水深7000mにおよぶ日本海溝などの深い海溝が形成され、変化に富んださまざまな深海魚も生息している（❸）。このように日本周辺海域は多様な海底地形と寒暖両海流の流れがあることで多様性に富んだ魚介類の生息を可能にしている。

❸日本列島周辺の海底地形図　出所：海洋情報研究センター

もっと学ぶための参考文献・資料

●横瀬久芳（2015）『はじめて学ぶ海洋学』朝倉書店
●長沼毅（2006）『深層水「湧昇」、海を耕す！』集英社新書

 解説2

海洋の生物生産

　陸上でも海中でも、生命活動の基本となるのは植物による光合成である。農業は植物が行なう光合成という反応を人間が積極的に利用する食料生産システムだ。漁業にも農業と同様に人為的生産を行なう養殖業があるが、日本ではその生産量は2019年統計でわずか7％にすぎず、漁業生産では自然界からの漁獲物が圧倒的な割合を占める。

　太陽光により光合成が可能な水深を「真光層」と言い、その深さは200m程度で平均水深が3700mもある海洋のごく表層に限られる。浅海域では数十mの海底までは光が届くため海藻などの大型植物も繁茂するが、大洋では太陽光が透過する表層でしか植物プランクトンは光合成を行なえない。この表層の植物プランクトンは日単位から週単位で分裂を繰り返し、1年を通すと莫大な生産を行なう。これが海の基礎生産の特徴だ。この植物プランクトンを動物プランクトンが食べ、次に小魚類がこの動物プランクトンを食べ、小魚を大型魚類が捕食する。これが海の食物連鎖で、その結果、植物プランクトンが増加すると魚類も増えるのである（❹）。

　表層で生産されるプランクトンや魚の死骸や糞は徐々に分解されながら無機物となり海中に沈んでいく。植物プランクトンの生命活動には太陽光以外にも硝酸塩やリン酸塩などの栄養塩が必要である。栄養塩は海の表面近くでは植物プランクトンが消費するので枯渇気味となるが、水深200m以深の深層水には栄養塩は豊富に含まれる。普通、深層水と表層水は互いに混合することはなく植物プランクトンは深海にある大量の栄養塩を利用することはできない。この深海の栄養塩を表層に運ぶ役割を果たしているのが下層から湧きあがる流れ「湧昇流」である。湧昇現象が活発で植物プランクトンが大量発生している場所を「湧昇域」と呼ぶ。湧昇は季節風や貿易風などの風、大陸棚や島、海山などの地形変化、海流や潮汐流などが要因で起こる。世界の三大漁場も海底地形や寒流、暖流が交錯して引き起こす湧昇域である。

❹海の生態ピラミッド　©JAMSTEC

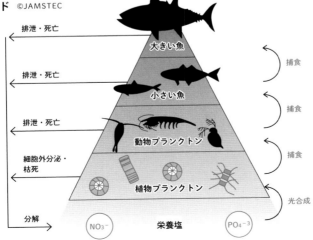

食卓と流通

資源問題

内水面漁業

つくり・育てる漁業

環境と生物多様性

多面的機能

漁業の未来

世界の林業と日本の暮らし

日本の森のあり方

持続的な森づくりと林業経営

5 魚の資源変動

イワシはなぜ資源変動を
くりかえすのか？

執筆：片山知史

写真提供：アクアマリンふくしま

❶群泳するマイワシ

❷マイワシ（左）とカタクチイワシ（右）

写真提供：さかな文化研究室

　魚は、農作物や家畜と違い野生生物です。野生生物は、種を蒔かなくても餌をやらなくても、漁獲された分また増えてくれるという復元力があります。人間が乱獲さえしなければ、永続的に漁獲することができます。究極の持続的食料生産といえます。しかし魚や海の生物は、年により資源変動が大きいという特徴があります。これは、小卵多産という生態的な特性に起因します。1尾の親魚から数十万もの卵が生み出されますが、数mmという糸くずのような仔稚魚が生き残るのは至難の業です。餌不足で飢餓になる、敵に捕食される、不適な環境に流されるという危険に常にさらされています。ただし、生育条件が良い環境の年には、多く生き残ることができ、資源量も一気に増加します（❶、❷）

変動を繰り返す漁業資源

　日本の漁業資源は、大きな変動を繰り返しています。日本の漁獲量が最も多かったのは1980年代でした。1280万t以上を漁獲し、世界一でした。その後減少し、最新の2020年の日本の漁獲量は423万tとなっています。これは、遠洋漁業からの撤退、マイワシ資源の減少、漁業者数の減少によるものです。ではマイワシはどのように減少したのでしょう。マイワシの漁獲量は1988年に最高の449万tでしたが、この時期には、カタクチイワシ、マアジ、さば類が少なかったことがわかります（❸）。このように、優占する魚種が中長期的に入れ替わることを魚種交替といいます。海洋生物の変動性という特徴がよくわかると思います。

　このような大変動は、他の国の海域でも同期してみられます。これは地球規模の気候変動に伴ったものであり、レジームシフト（大気・海洋・海洋生態系から構成される地球表層系の基本構造（regime）が、数十年の時間スケールで転換（shift）すること）といわれています。これはまさに環境変動であり、人間の手ではどうにもなりません。私たちは変動する生態系に対応して、増えた魚種を有効に漁獲し利用することで、将来的にも持続的に海洋資源を利用することができます。

　しかし、近年急激に進行している地球温暖化は、これまでとは全く異なる生態系をもたらす可能性があります。すなわち、これまでの魚種交替のパターンが崩れてしまうかもしれません。地球温暖化が海洋生態系にどのような変化を生じさせるのか、私たちが海から食料を得続けるためにも、大変重要な課題です。

❸日本における主要魚種の漁獲量の経年変化

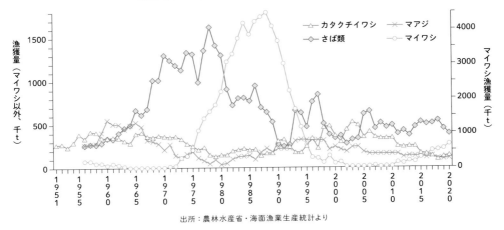

出所：農林水産省・海面漁業生産統計より

食卓と流通

資源問題

内水面漁業

つくり・育てる漁業

環境と生物多様性

多面的機能

漁業の未来

世界の林業と日本の暮らし

日本の森のあり方

持続的な森づくりと林業経営

解説 1　海洋生物は小卵多産であり変動が大きい

　海の生き物、特に魚類について、その生態的特徴をあげるならば、小卵多産である。大多数の魚種は、直径約 1mm の卵を、数十万以上も産む。哺乳類のように子の世話をせずに、産みっぱなしである。卵から孵化した仔魚が生き残って成長するには、飢餓、被食、逸散の危険を乗り越えなくてはならない（❹）。特に餌となる小さな動物プランクトン量や水温、海流などの海洋環境の影響を強く受ける。数十万の卵仔稚は、卵のう（卵の栄養分）を吸収後、ほとんどの個体が死亡してしまう（大量減耗）。しかし、一尾の親から数尾が親魚となり成熟するまで生き残れば、資源（個体群）としては安定である。さらに、もし仔魚の生育にとって良い環境条件が整うと、多くの個体が生き残る。ある年に生まれた個体が多く生き残り親個体群に加入してくれた場合、この群を卓越年級群という。

　日本の沿岸および沖合の海域に生息する魚類資源は、卓越年級群が頻度高く出現したり、加入水準が極めて低い年が続いたりすることで、大きく変動する。しかも数十年スケールの中長期的な変動を示すことがわかってきた。マイワシは、そのような大変動を示す代表的な魚種である。

　マイワシは食料としてだけではなく、大量に漁獲された場合は魚粉として加工され、肥料や飼料としても用いられ、日本の食を支える魚である。マイワシの漁獲量は 1988 年に史上最高の 449 万 t という最高記録を残した。2020 年の日本全体の漁獲量が 423 万 t であるから、その多さがわかる。その後、マイワシ資源は急激に減少したが、戦後から 1970 年代前半までは、低迷時期があり、「幻の魚」と言われた。このような不漁期は、江戸時代、明治時代にもあった。一方、1980 年代のような資源の増加期は、1640 年、1680 年、1790 年、1910 年頃にも見られた。このことは、マイワシ資源の大変動は、漁業ではなく環境の周期的な変化によるものであることを示している。

　カタクチイワシやマアジは、マイワシとは逆位相の変動を示し、さば類もマイワシの増減に伴って大きく変動している。このように、優占する魚種が中長期的に入れ替わることを魚種交替という。この魚種交替は、実は世界各海域で生じている。

❹マイワシの卵と仔魚

写真：http://nrifs.fra.affrc.go.jp/suisan/sardine/panel01.html より引用

もっと学ぶための参考文献・資料

● 川崎健 (2009)『イワシと気候変動、漁業の未来を考える』岩波新書
● 川崎健・花輪公雄・谷口旭・二平章 (2007)『レジーム・シフト 気候変動と生物資源管理』成山堂書店

解説 2

レジームシフトと地球温暖化

　海洋生態系の優占魚種の漁獲量をみると、カリフォルニア海流域、フンボルト海流域、ベンゲラ海流域で、いずれも中長期的に変動しており、その変動様式はおおむね環太平洋海域間で同期する傾向がある。❺は、太平洋を挟んで日本と丁度地球の反対側のマイワシ類、カタクチイワシ類の漁獲量であるが、同期して大変動している。これらの変動は、地球規模の気候振動や気候ジャンプに伴っていることがわかってきた。「大気・海洋・海洋生態系から構成される地球表層系の基本構造 (regime) が、数十年の時間スケールで転換 (shift) すること」をレジームシフトとよび、資源変動の主要因であると考えられている。

　人間は、このように大変動する資源に併せて、漁業および加工を行ない、上手に対応してきた。実際に、日本の漁業者も、その年に利用できる魚種に対して、乱獲にならないように小型魚を保護しながら漁獲して、水産業および漁村を維持している。

　漁業は、海洋生態系の野生生物を利用する産業である。自然の復元力、すなわち漁業によって減った分を補うように増えてくれる分を漁獲している。このことは、漁獲によって根絶やしにするような乱獲をしなければ、永続的に漁獲を続け海から食料を得ることができるのである。種を蒔かなくても、餌をやらなくてもよい究極の持続的食料生産といえる。

　ただし、上記のような過去から繰り返されてきた魚種交替およびそれを駆動してきたレジームシフトが、近年急激に進行している地球温暖化の時代に維持されるのかはわからない。❺からも見て取れるように、近年、これまでの魚種交替のパターンが崩れている兆候がある。これまで、私たちが経験したことのないような生態系にならないように、地球温暖化への対策はきわめて重要なのである。

❺日本および南米における主要魚種の漁獲量の経年変化（左：日本、右：南米）

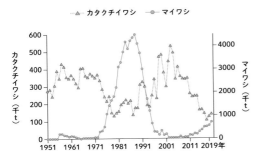
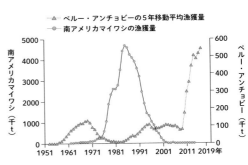

出所：海面漁業生産統計および FAO yearbook: fishery and agriculture statics より

食卓と流通

資源問題

内水面漁業

つくり・育てる漁業

環境と生物多様性

多面的機能

漁業の未来

世界の林業と日本の暮らし

日本の森のあり方

持続的な森づくりと林業経営

水産資源の持続的利用と漁業管理

クロマグロの持続的利用のためには
何が大切なの？

執筆：櫻本和美

❶気仙沼市場のクロマグロ

写真提供：さかな文化研究室

　水産資源を枯渇させずに持続的に利用するために行なう種々の規制（制限）のことを
漁業管理と言います。水産資源が減少する原因には乱獲もありますが、「資源の減少＝
乱獲」ではありません。水産資源は環境の変動によっても大きく変動します。クロマグ
ロにとって好適な環境が続く年代には０歳魚がたくさん生き残り、不適な環境が続く年
代には生き残りは悪くなります。同じ量の親魚資源がいても、好適な環境年代と不適な
環境年代では０歳魚の生き残り量は大きく変わるのです。したがって水産資源の持続
的利用のためには、環境変動も考慮した漁業管理を実施しなければならないのです（❶）。

漁獲可能量（TAC）、最大持続生産量（MSY）、密度効果、再生産モデル、入口規制、出口規制

親魚量の変動は何の影響を受けるのか

　カツオ・マグロ類は太平洋や大西洋など大洋別にある国際的な地域漁業管理機関（RFMO）で管理されています。RFMOでは資源状況を把握し、漁獲可能量（TAC）を算定し、資源管理を行なっています。太平洋クロマグロの0歳魚尾数と親魚量の経年変動によれば、0歳魚尾数は毎年大きく変動しています（❷）。レジームシフトとは数十年規模で環境が大きく変動し、それに伴い海洋生物の資源量も大きく変動する現象をいいます。レジームシフトの発生により1953年から2018年までの66年間には白と黄色で示した6つのレジームが存在します。太平洋クロマグロにとって、R1、R3、R5は好適なレジームで、その間の0歳魚尾数の平均値は高く、R2、R4、R6は不適なレジームで、その間の0歳魚尾数の平均値は低いことがわかります。親魚量は0歳魚尾数の増減の影響を大きく受け、R1のレジームでの高い0歳魚尾数は、5年程度あとの親魚量の増大に、R4後半の低い0歳魚尾数は1980年代後半の低い親魚量に、R5の高い0歳魚尾数は1990年代後半の高い親魚量に反映されています。

　このように、親魚量（資源量）の変動は、漁獲の影響だけではなく、環境変動の影響を強く受ける0歳魚尾数の多寡によっても、大きく変動することを理解しておくことは、とても重要です。「持続的利用」という言葉は、最近とてもポピュラーになりましたが、水産資源の管理では、60年以上も前から、「持続的利用」という概念が非常に重視されてきました。その概念から導かれたものが、最大持続生産量（MSY）で、RFMOでは「MSYを達成することができる資源水準に資源を維持する」という考え方に基づき、資源管理が実施されています。

❷太平洋クロマグロの0歳魚尾数（上）と
　親魚量（下）の経年変動

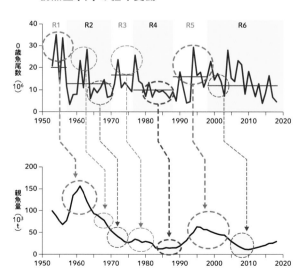

R1、…、R6は各レジームを示す。上図でx軸と並行の黒の実線は、各レジーム内での0歳魚尾数の平均値を示す。赤い破線の丸は、高い0歳魚尾数があった年と、それに対応する親魚量を、紫色の破線の丸は、低い0歳魚尾数があった年と、それに対応する親魚量を、それぞれ示す（対応関係はシミュレーションにより確認済）
出所：WCPFC（中西部太平洋まぐろ類委員会）データより筆者作成

食卓と流通

資源問題

内水面漁業

つくり・育てる漁業

環境と生物多様性

多面的機能

漁業の未来

世界の林業と日本の暮らし

日本の森のあり方

持続的な森づくりと林業経営

解説 1

水産資源の管理制度と漁業形態
── 入口規制と出口規制、大規模漁業と小規模漁業

　漁獲可能量（TAC）を設定して資源管理を実施する規制方法を「出口規制」と言う。欧米などの先進諸国で実施されており、TAC を個々の漁業者や漁船に割り当てる「個別割当（IQ）制」や、その IQ の売買を可能とした「譲渡可能個別割当（ITQ）制」も実施されている。IQ 制や、ITQ 制などの導入により、資源管理に成功した例として、ノルウエーやニュージーランドなどが、しばしば取り上げられる。しかし、これらの国は、漁獲対象の魚種が少なく、大型漁船で大量漁獲し、冷凍して輸出するという産業形態であり、日本とは大きく異なっている。これに対し日本では、これまで、漁船の大きさや隻数、操業期間などを規制する、「入口規制」と呼ばれる方法で漁業管理を実施してきた。しかし、国連海洋法条約が 1994 年に発効したことに伴い、日本でも、8 魚種に対して TAC による「出口規制」が実施されるようになった。日本では、沿岸の小規模漁業に対しては「入口規制」を実施し、沖合の大規模漁業に対しては「出口規制」を併用する、いわばハイブリッド型の管理制度を実施していることになる。

　2020 年から施行された新漁業法では、出口規制による資源管理の強化が謳われている。しかし、沿岸の小規模漁業では、多種多様な魚を漁獲し、鮮魚で流通するという形態が一般的で、対象魚種の来遊量変動も大きい。このような漁業に、出口規制を導入しても、うまく機能するのか大きな疑問である。

　日本の 2018 年の漁業統計では、7 万 9142 の漁業経営体の 9 割以上の経営体が、10t 未満の沿岸漁業者によって構成されており、沿岸小規模漁業を対象とする管理制度は、大規模漁業に対するそれとは区別して考えるべきである（❸）。世界的に見ても、小規模家族農業・漁業が世界の農業・漁業経営体の 9 割以上を占め、食料の 6 割以上を生産しており、その重要性は極めて高い。2022 年は、国連が決議した国際小規模漁業年である。しかしながら、日本の水産行政は、そのような国際的な姿勢とは真逆の大規模漁業優先の方向に向かっており、早期の改善が望まれる。

❸大規模漁業（左：大中まき網漁業）と小規模漁業（右：ひきなわ漁業）

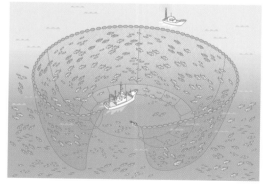

提供：水産庁

もっと学ぶための参考文献・資料

● 櫻本和美（2018）『マグロ類の資源管理問題の解決に向けて―MSY 理論に代わるべき新しい資源変動理論―』
　水産振興 605、東京水産振興会　http://www.suisan-shinkou.or.jp/
● 櫻本和美（2021）『ここが問題！ 新しい水産資源の管理―MSY 理論に代わる新しい資源変動理論―』デザインエッグ社
● 二平章（2020）『小規模漁業を守るクロマグロ漁獲管理を』Agrio 0298 号

解説 2　資源管理で考慮すべき 2 つのポイント
── 資源管理理論の妥当性と負担の公平

　RFMO では MSY に基づいて TAC を算定し、資源管理を実施している。しかし、再生産関係が不明の場合、MSY は推定できない。太平洋クロマグロの再生産関係の点は大きくばらついており、親と子の明瞭な関係性は認められない（❹）。このようなデータから、MSY を求めることは不可能である。RFMO でも、再生産関係は不明であることを認めているにもかかわらず、MSY を推定し、これをもとに資源管理を実施しようとしており、科学的管理を実施しているとは言い難い状況にある。このような事情は、2020 年度から施行された日本の新漁業法においても同じである。資源管理を成功させるためには、環境変動を考慮した資源管理への移行が急務と言える。

　太平洋クロマグロは、2010 年に親魚量が 66 年間で最低の 1.1 万 t まで減少した（❷参照）。これを受け、RFMO は 2015 年より TAC による管理を開始。水産庁は設定されたクロマグロ小型魚の TAC 4007t の約 2 分の 1 ずつを大規模漁業と小規模漁業に配分した。しかし、大規模漁業が 48 隻であるのに対して小規模漁業はひき縄漁船だけでも 2 万隻以上あり、小規模漁業者にとってはきわめて厳しい漁獲規制が科されることになった。さらに、2017 年後半になると予想を上回る大量の小型魚が沿岸に来遊し、それを定置網で漁獲したために、TAC を超過してしまう懸念が一気に高まった。水産庁は、急遽 2018 年 1 月に、5 カ月間にも及ぶ長期間の操業自粛要請を出したが、定置網に入網するクロマグロを阻止する手立てはなく、沿岸漁業は大混乱に陥った。なぜこんな事態になったのか？　その原因は環境変動の影響を全く考慮せず、TAC を決めてしまったことにその主因がある。太平洋クロマグロの資源量は、結果として増大することにはなったが、そのための甚大な犠牲を強いられたのは、沿岸の小規模漁業者であり「資源を回復させるための負担の公平性」という観点からは、多くの課題を残す結果となった。

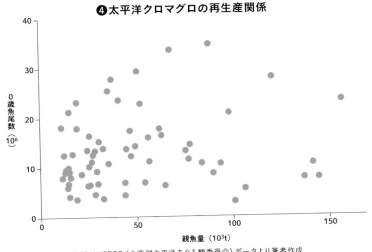

❹太平洋クロマグロの再生産関係

出所：WCPFC（中西部太平洋まぐろ類委員会）データより筆者作成

食卓と流通

資源問題

内水面漁業

つくり・育てる漁業

環境と生物多様性

多面的機能

漁業の未来

世界の林業と日本の暮らし

日本の森のあり方

持続的な森づくりと林業経営

海の漁場利用のルール

執筆：二平 章

◎ 漁業権漁業、許可漁業、届出漁業、自由漁業

　漁場は公有水面で、水産資源は誰のものでもない無主物です。したがって漁場利用のルールがないと漁船同士の紛争や資源の乱獲問題が生じます。そこで漁業権漁業、許可漁業、届出漁業、自由漁業に区分する漁業制度がつくられています。

　漁業権とは、区切られた一定の浅海域内で漁業を営む権利で、行政庁からの免許により取得できます。漁業権には漁業協同組合の組合員が漁場を共同利用する共同漁業権、個人・企業などが定置網を設置できる定置漁業権、個人・企業などが養殖施設を設置できる区画漁業権があります。

　許可漁業とは、水産資源を守るためいったん高性能な漁法を禁止し、法令順守をする適格者だけに許可を与える漁業です。県の沖合だけを操業する知事許可漁業と複数県にまたがり操業できる大臣許可漁業があります。知事許可漁業には「小型底びき網漁業」や「船びき網漁業」、大臣許可漁業には「大中型まき網漁業」や「沖合底びき網漁業」などが含まれます。届出漁業は、「かじき流し網漁業」や「沿岸まぐろはえ縄漁業」などが対象で、参入は自由ですが行政庁に届出が必要な漁業です。自由漁業は、上記以外の漁業で、資源に悪影響を与えない「一本釣リ」などの漁業です。

◎ 9割以上が小規模家族漁業

　日本の漁業経営体は2018年統計で7万9067、うち7万4151経営体（94％）は日帰り漁業を営む小型漁船漁業や養殖業、定置網の沿岸漁業経営体です。その内訳は漁船規模が10t未満の漁船漁業経営体が5万6965（72％）、タイやブリ、ノリやワカメなどの養殖業が1万3950（18％）、サケやブリを獲る定置網漁業が3236（4％）です（❶）。養殖業や定置網漁業には一部企業や団体経営がありますが、この2つの漁業も大半が小規模家族漁業です。ほかにイワシやサバ、サンマ、カツ

オなどを獲る沖合漁業を行なう中小漁業経営体が 4862（6.1%）、1 カ月から 1 年間海外へ出かけ、マグロやカツオを獲る大規模漁業経営体が 54（0.1%）です。中小漁業経営体のうちスルメイカやカジキ、サメ、底魚などを獲る 10〜20t の漁船漁業も 3339 ありますが、この漁業も家族経営が大半です。したがって日本の漁業経営体は 9 割以上が地域漁村に在住し、漁業を生業とする家族労働を中心とした自営業＝家族漁業であるといえます。日本の全漁業経営体数は 1998 年には 15 万 586 ありましたが、2018 年には 7 万 9067 と、20 年間で 7 万 1519 経営体（47%）も減少しています。

　日本全体の漁業生産量も 1980 年代後半から、沿岸、沖合、遠洋漁業とも減少しています。要因は、①遠洋漁業では 200 海里体制の進展で外国水域から日本漁船が締め出されたこと、②沖合漁業では大規模な資源変動を繰り返すマイワシの漁獲量が 90 年代以降に減少したこと、また、近年、スルメイカ、サンマ、サケなどの資源量が低下したこと、③沿岸漁業では工業開発などで東京湾をはじめとする内湾の埋め立てが進み、干潟や砂浜が無くなリアサリやハマグリなどの貝類資源や浅海魚類が減少したこと、河口堰やダム建設で森川海のつながりが崩れ、その影響で汽水域や河口域周辺にある幼稚魚の生育場環境が悪化したことなどがあげられます。

❶日本の小規模漁業漁船（10t 未満船）　写真提供：富士市

食卓と流通

資源問題

内水面漁業

つくり・育てる漁業

環境と生物多様性

多面的機能

漁業の未来

世界の林業と日本の暮らし

日本の森のあり方

持続的な森づくりと林業経営

漁民の共同の力で守るキンメ資源

執筆：二平 章

◎目が金色に光るとてもきれいな魚＝キンメ

キンメダイ（通称キンメ）は体全体が真っ赤で、目が金色に光るとてもきれいな魚です。太平洋、インド洋、大西洋の熱帯から温帯の海山や大陸棚周辺の水深 200 ～ 800m に棲む深海魚です。日本では千葉県から伊豆諸島周辺、高知県沖、九州南の南西諸島周辺が主な漁場です（❶）。

❶外房つりキンメ　写真提供：さかな文化研究室

千葉県には、キンメ漁場を 50 年以上も守り、資源を枯渇させずに大切に漁獲し続けている漁業者がいます。鴨川市、勝浦市、御宿町にある 16 漁港で小型船の釣り漁業を営む人々で、「千葉県沿岸小型漁船漁業協同組合」（以下、沿岸小型漁協）をつくり活動しています。この漁協には現在 306 隻の船が所属しますが、そのなかの 202 隻が「キンメ部会」をつくり、乗組員も含め 312 人がキンメ漁を営みます。漁場である「キンメ場」は勝浦市沖の 10 ～ 26km に位置し、水深 630m から 280m に立ち上がる山状地形を含む約 600km² の区画です。

◎漁民の自治でつくる持続可能な漁業

沿岸小型漁協は、キンメ資源を守るために主に 2 つのことを行なってきました。第 1 には、漁獲圧力が強大な「まき網」や「底びき網」の大型網漁業からキンメを守るため、粘り強い交渉で外房沖の小型船操業区域内での大型網漁業を自粛させる操業禁止ラインを認めさせる「漁場協定」を締結したこと。第 2 には、「キンメ場」の資源保護と操業秩序維持のために、小型船の操業ルールである「キンメ操業規約」を定めたことです。

「操業規約」は、①産卵期である7月から9月の禁漁、②10月から翌年6月の毎週土曜の操業禁止、③操業時間は早朝から4時間で夜間操業は禁止、④「キンメ場」において効率の良い「地獄縄」や「樽流し」漁法は禁止とし、乗組員1人1本の「立縄」漁法のみ、⑤釣り糸の長さは1200m以内、⑥釣り針の数は1回目150本、2回目以降は50本以内、⑥釣り餌には効率の良いサンマ・イワシの使用は禁止、⑦「キンメ場」への遊漁船の入漁は禁止、⑧全長25cm以下のキンメは再放流、⑨水深300m以浅の大陸棚斜面は若齢魚のための保護水面とするなどの、厳しい取り決めです（❷）。

　沿岸小型漁協ではさまざまな取り組みをするときには多数決主義はとらず、16地区の漁民全員が一致するまで議論をします。「操業規約」に違反する漁民が1人でも出た場合は、所属地区漁民全員が1日間の操業停止をします。沿岸小型漁協の長年の取り組みの結果、「キンメ場」の漁獲量は安定し、多くの若者がキンメ漁業に参加するようになっています。日本の沿岸漁業のなかには、世界でSDGsが叫ばれるはるか以前からこのような持続可能な漁業をつくりあげる漁民の共同的な管理事例がたくさんあり、西欧諸国からは皆で決めて皆で守る「漁民の共同的漁業管理」として高く評価されています。

❷キンメの太平洋銀行貯金

作成：今井和子

食卓と流通

資源問題

内水面漁業

つくり・育てる漁業

環境と生物多様性

多面的機能

漁業の未来

世界の林業と日本の暮らし

日本の森のあり方

持続的な森づくりと林業経営

7 世界と日本における川や湖の漁業

川や湖にも漁業があるの？

執筆：杉山秀樹

❶ミャンマー・インレー湖の刺し網漁師（2019年）

　魚やイカ・カニ類、貝類、海藻などの水産物は、日本にいる私たちにとっては海で漁獲されるものというイメージがあります。しかし、世界中には海がまったくない国や、海があっても広い内陸部を持つ国も多く、そこには広大な湖沼や大河川があり、そこで魚を漁獲したり、養殖業を営んだりする人も少なくありません（❶）。川や湖のことを海の「海面」に対して「内水面」と呼びます。内水面漁業には漁船による漁業はもちろん、養殖漁業もあり、近年、海面以上に大きな勢いで生産量が増大しています。世界や日本の川や湖にはどのような魚を対象にどのような漁業があるのか、一緒に調べてみましょう。

急増する世界の内水面養殖業

　世界の漁業・養殖業生産量の推移を 1960 年から 20 年間ごとに見ると、世界全体の生産量は 1960 年の約 37 百万 t から 2018 年には約 2 億 1 千 2 百万 t へと約 6 倍になっています。その内訳を見ると、内水面養殖漁業が約 60 倍と急増し、2018 年には世界全体の約 4 分の 1 に当たる 24％になっています。養殖生産量が多い国は、中国、インド、インドネシアなどで、主な対象魚はコイ・フナ類、ナマズ類、ティラピアなどです。

　世界の内水面の漁業や養殖業は中国、インドなどのアジア諸国やアフリカ大陸のエジプト、ウガンダなど多くの国で行なわれています（❷）。これらの漁業に従事するのは 9 割以上が小規模家族漁業者です。また漁獲した魚は周辺の市場に出荷したり、塩漬けや干物に加工したりして販売しています（❸）。内水面の漁業・養殖漁業は地元にとってきわめて重要な生活の基盤となっています。

　日本では河川や湖沼で魚を獲ると言えば、アユやイワナ、ヤマメなどレクリエーションを目的とした釣り人などを思う人が少なくありません。しかし実際には、海の漁師がいるように琵琶湖や宍道湖、小川原湖などにも漁師がいて漁業があるのです。

　内水面漁業の魚種別漁獲量で最も多いのはシジミ類（主としてヤマトシジミ）ですが、ヤマトシジミが繁殖できるのは淡水に海水が混じった汽水域だけです。しかし、その漁獲量はピークの 1970 年頃と比較すると最近は 5 分の 1 以下までに減ってしまいました。「しじみ汁」や「鮎寿司」「鮒寿司」などの魚食文化は、それを支えている漁師や調理者などがいるからこそ受け継がれているものなのです。

❷淡水魚漁獲量と養殖生産量の各国順位（10 位以内）

	漁獲量	養殖生産量
1 位	インド	中国
2 位	中国	インド
3 位	バングラデシュ	インドネシア
4 位	ミャンマー	ベトナム
5 位	ウガンダ	バングラデシュ
6 位	インドネシア	エジプト
7 位	カンボジア	ミャンマー
8 位	タンザニア	ブラジル
9 位	ナイジェリア	カンボジア
10 位	エジプト	タイ

資料：GLOBAL NOTE、出典：FAO

❸カンボジア・トンレサップ市場（2020 年）

食卓と流通

資源問題

内水面漁業

つくり・育てる漁業

環境と生物多様性

多面的機能

漁業の未来

世界の林業と日本の暮らし

日本の森のあり方

持続的な森づくりと林業経営

世界の内水面漁業

　海で行なわれる漁業には沿岸漁業、沖合漁業、遠洋漁業、海面養殖漁業などがある。同様に、河川や湖沼など淡水で行なわれる漁業には、天然の魚類等を漁獲する内水面漁業と人間が給餌を行ない飼育管理する内水面養殖業とがある。世界にはアマゾン川、コンゴ川、メコン川やビクトリア湖、バイカル湖などがあり、日本でもサケを捕獲する北海道、岩手県などの河川や、琵琶湖、霞ヶ浦などの湖沼があり、地域住民が漁業を行ない日々の生活を営んでいる。

　世界の漁業・養殖業生産量の推移を 1960 年から 20 年間ごとに見ると、世界全体の生産量は 1960 年の約 3 千 700 万 t から 2018 年の約 2 億 8 千万 t へと約 7.6 倍になっている（❹）。このうち、海面漁業は全体の 7 割で、内水面漁業は 3 割である。また、内水面養殖漁業はこの間、約 60 倍に急増し、2018 年には全生産量の約 4 分の 1 に達している。

　国別順位は、内水面漁業では中国、バングラデシュ、インド、養殖業では中国、インド、インドネシアなどが上位である。養殖業の魚種では、全体の約 5 割はハクレンやコクレン、ソウギョなど、水中のプランクトンや草を食べて育つ魚を含めたコイ・フナ類である。そのほか、ティラピア類やナマズ類の一部は給餌して育成し、国外へ輸出されるものもある。

　具体的な姿を見てみよう。ラオス南部のコーンの瀑布群付近におけるメコン河本流では、漁業は 6 万 5000 世帯以上を支える産業である。この地域の平均的な世帯では、年間 355kg の魚を捕獲し、その経済価値は 45 万〜 100 万ドルに相当すると推定されている。一方、電力に利用するための大規模ダムが 10 カ所以上も計画中あるいは建設され、水量の枯渇や水産資源の激減などさまざまな問題が出ている（メコン河開発メールニュース 2019 年 10 月 30 日）。従来、メコン河流域の魚類資源は地域に根ざした持続的な資源利用が定着しており、そのことが地域の生活と文化を支えている。

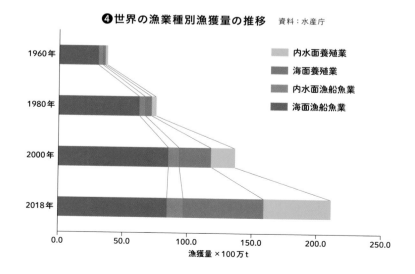

❹世界の漁業種別漁獲量の推移　資料：水産庁

もっと学ぶための参考文献・資料

● 田和正孝（2006）『東南アジアの魚（うお）とる人びと』ナカニシヤ出版
● 山根猛（2017）『琵琶湖の漁業　いま・むかし』サンライズ出版

食卓と流通

資源問題

内水面漁業

つくり・育てる漁業

環境と生物多様性

多面的機能

漁業の未来

世界の林業と日本の暮らし

日本の森のあり方

持続的な森づくりと林業経営

解説 2　日本の内水面漁業

　日本の漁業・養殖業生産量（2021年）は、海面が412万tで内水面は5.1万tである。内水面漁業生産量のうち漁業は1.8万t、養殖業は3.1万tで、養殖が約6割を占める。内水面漁業の魚種別漁獲量は多い順にシジミ類8.9千t、サケ類5千t、アユ1.8千tである。シジミ類（ヤマトシジミ）の漁獲量は島根県4.7千t、青森県2.3千t、茨城県1.4千tと3県で全体の90％を超えている。ヤマトシジミの主な生産地は汽水湖の宍道湖（島根県）、小川原湖（青森県）、涸沼（ひぬま）（茨城県）などである。近年、河口域に水門を設置し内側が淡水化したり、水質が悪化したりして、生息に適する汽水域が少なくなっている。

　養殖生産量ではニホンウナギが約2万tと全体の過半を占め、そのほかマス類6千t、アユ4千tなどである（2022年）。国内におけるウナギの供給量（消費量）のピークは平成12年の約16万tで、最近では63千tまで減少した。そのうち中国、韓国などからの輸入量が42千tである。これに対し、天然の漁獲量はわずか63tである。ウナギ資源の激減や国外のウナギ養殖の拡大を背景に、2012年より日本、中国、台湾の間で資源管理対策の協議を行ない、国内ではシラスウナギ（ウナギ稚魚）の採捕等の罰則強化やウナギ養殖業における生産量の管理などを行なっている。

　内水面の漁業・養殖業生産量は、過去のピーク時である1979年の約230千tに対し、2021年は約51千tとおおよそ5分の1近くまで減っている。その背景には、水質悪化や漁場の荒廃、ブラックバスなど外来生物の侵入、嗜好の変化、内水面漁業者の減少などさまざまな理由がある。

　河川・湖沼には、一般に地元の内水面漁業協同組合がある。これらの漁協は共同漁業権の免許を受けていることから、漁業権対象魚種（アユ・ヤマメなど）の増殖義務があり、毎年稚魚の放流などを行なっている。漁協は都道府県知事の認可を受けて遊漁料や遊漁期間などを定めており、釣り人はルールを守り遊漁料（日券、年券など）を払うことが必要である。漁協は遊漁料などにより種苗放流やカワウの被害防止対策など漁場の管理を行なっている。近年は地域住民と河川湖沼との関係が希薄となってきており、河川湖沼の持つ文化と生物の複雑さや重要性を理解しない人々が増えている。漁協は河川湖沼の持つ文化や生物の大切さを住民に伝えていくうえで大きな役割を担っている。

❺八郎潟のワカサギ漁と佃煮加工

Column 1-6

遺伝的特性を守りながら天然アユを増やす

執筆：高橋勇夫

◎種苗放流の光と影

アユは海と川を行き来する魚で、日本の河川漁業では最も重要な魚です（❶）。アユを増やすことが川の漁業協同組合には義務づけられています。主な増殖方法は種苗（稚魚）の放流で、1990年頃は、毎年2億尾もの稚アユが全国の河川に放流されていました。アユが遡上できないダムの上流では、種苗放流はとても有効な増殖方法で

❶アユは日本の河川漁業で重要な位置を占める

す。しかし、天然アユが生息する川では、放流が天然アユにさまざまな悪影響を及ぼすことも分かってきました。「冷水病」を蔓延させた最大の理由も、病気に感染した種苗を全国の河川に放流し続けたことにあります。また、最近では釣り人の減少に伴い漁協の収入も減少し、放流経費が漁協にとって大きな負担となっています。このように種苗放流は増殖に有効な手段ではあるのですが、決して小さくないリスクも抱えているのです。

◎種苗放流をやめて天然アユを増やした朱太川

北海道の南西部を日本海へと流れる朱太川は、アユ分布の北限域にあたります。この川にも、2012年までは本州産の稚アユが放流されていました。しかし、北海道の在来アユの遺伝的な性質は、本州産アユとは異なる可能性が高く、低水温に対する抵抗性 —分布の北限域で生き残るために必須の性質— を欠いた種苗が放流されて在来アユと交雑した場合、在来アユが持つ低水温に対する耐性が弱くなるかもしれません。このシナリオは想像の域を出ないものの、確認されてから

では回復させることが難しくなるため、可能な限り「北限のアユ」の遺伝的な特性を乱さないことが大切です。また、冷水病のような病気を持ち込むリスクも考えると、「朱太川の天然アユを守るための最良の対策は、種苗放流をやめること」という結論に行き着いたのです。放流によって得られる短期的な利益を、長期的に見た場合のリスクが上回るという判断でした。

「種苗放流をやめるべき」との提案で朱太川漁協は2013年に放流停止を決議したのです。漁協に義務づけられた「増殖」は、産卵場整備などの事業で対応しました。種苗放流をやめてからの5年間は30万尾前後の安定した生息数で経過しましたが、6年目の2018年は5万尾と極端に少なくなり、釣り人もほとんどいない川となりました（❷）。原因は、前年9月に北海道に上陸した台風でした。運の悪いことに、その時期は産卵盛期で、川底に産みつけられた卵のほぼすべてが流されてしまったのです。

回復が心配されるほどの生息数の減少でしたが、1年後の2019年には61万尾に急増し、2020年には過去に例を見ない148万尾にまで増加しました。この年はアユが多すぎて、餌不足で成長不良になったほどでした。このように朱太川の天然アユの数は、種苗放流を止めてから大きく増減はしましたが、長期的に見ると増える傾向にあるのです。朱太川の事例は、アユを増やす手段は種苗放流だけではないことを明確に示しています。アユが自力で再生産する力を手助けする産卵場整備だけでも、資源の維持が可能な川もあるのです。天然アユの遺伝的特性を守りながら資源を増やす取り組みは、持続可能な増殖手法なのです。

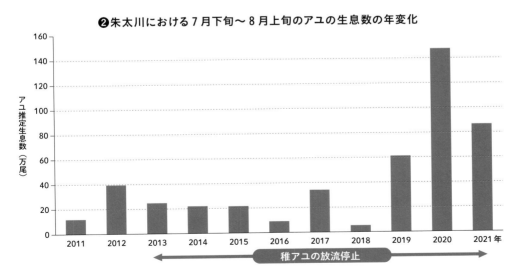

❷朱太川における7月下旬〜8月上旬のアユの生息数の年変化

食卓と流通

資源問題

内水面漁業

つくり・育てる漁業

環境と生物多様性

多面的機能

漁業の未来

世界の林業と日本の暮らし

日本の森のあり方

持続的な森づくりと林業経営

8 日本の養殖漁業

養殖漁業ってどんな漁業？

執筆：長谷川健二

❶各県で養殖されている主な魚種

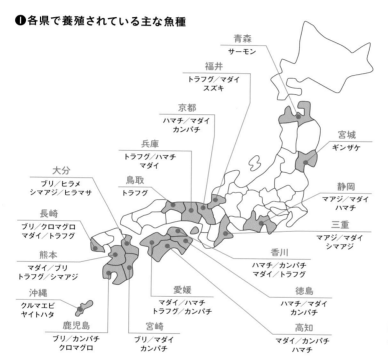

青森
サーモン

福井
トラフグ／マダイ
スズキ

京都
ハマチ／マダイ
カンパチ

兵庫
トラフグ／ハマチ
マダイ

大分
ブリ／ヒラメ
シマアジ／ヒラマサ

長崎
ブリ／クロマグロ
マダイ／トラフグ

熊本
マダイ／ブリ
トラフグ／シマアジ

沖縄
クルマエビ
ヤイトハタ

鳥取
トラフグ

鹿児島
ブリ／カンパチ
クロマグロ

愛媛
マダイ／ハマチ
トラフグ／カンパチ

宮崎
ブリ／マダイ
カンパチ

宮城
ギンザケ

静岡
マアジ／マダイ
ハマチ

三重
マアジ／マダイ
シマアジ

香川
ハマチ／カンパチ
マダイ／トラフグ

徳島
ハマチ／マダイ
カンパチ

高知
マダイ／カンパチ
ハマチ

❷大分県の養殖魚「かぼすブリ」
写真提供：大分県漁協

❸サーモン養殖　写真提供：オカムラ食品工業

　養殖漁業は、種苗の段階から出荷まで人工的な養殖施設で成長させ、商品サイズになると出荷するしくみです。栽培漁業（増殖業）は生残率が低い種苗の段階だけを養殖施設で育成し、一定サイズの幼魚にまで成長した後に海に放流し、海の自然環境のなかで魚を成長させて漁獲するしくみです。わが国では、各地で放流事業が行なわれているシロサケがその典型です。

　海での養殖は江戸時代から行なわれ、江戸湾では"浅草海苔"で有名なノリ、広島湾・仙台湾ではマガキなどがつくられていました。当時は、海水と淡水が混ざる河口域（汽水域）の潮の干満差を利用していました。現在では、養殖技術の発達により、全国の漁村でたくさんの魚介類が養殖されています（❶、❷、❸）。

養殖漁業、栽培漁業、持続的養殖生産確保法、過密養殖

環境にやさしい産業をめざす養殖業

　養殖漁業には餌の投与を必要とする給餌型養殖と必要としない非給餌型養殖があります。養殖される魚介類としては、給餌型養殖では、おもに西日本各地で養殖されているブリ、マダイ、クルマエビ、非給餌型養殖では、ノリ（佐賀県、兵庫県、三重県、愛知県、東北諸県など）、ワカメ（徳島県、岩手県など東北諸県）、コンブ（北海道など）、モズク（沖縄県）、マガキ（広島県、宮城県、岡山県）、ホタテガイ（北海道、青森県）などがあります。貝類には、宝飾用の真珠育成のための母貝であるアコヤガイもあります。近年、東北地方では、ホヤ、ギンザケ、サーモン、西日本ではマアジ、ヒラメ、マハタ、フグ、シマアジ、クロマグロなど養殖種も増え続けています（❹）。

　魚類養殖では、狭い養殖生け簀で大量に飼育するいわゆる「過密養殖」により、残餌や糞が海底に堆積し漁場環境を悪化させ、へい死の原因となる魚病や赤潮発生の要因にもなっています。1999年には「持続的養殖生産確保法」が制定され、環境影響を軽減するドライペレット（DP）、エクストルーダーペレット（EP）などの固形飼料、粉末飼料、顆粒などの配合餌料開発による技術革新の結果、養殖漁場環境の改善が図られてきました。また、魚類養殖では、魚病によるへい死を防ぐために、抗生物質、抗菌剤、駆虫剤などの水産用医薬品が投与されてきましたが、人体に悪影響を及ぼすと考えられる薬剤は使用を禁止し、許可される医薬品が投与量に厳しい規制がかけられています。1980年代に生け簀網の防汚剤として使用された猛毒のTBTO（トリブチルスズオキシド）も使用を禁止となっています。このように養殖漁業の世界においても環境にやさしくまた安全安心な食品づくりをめざす取り組みが行なわれています。

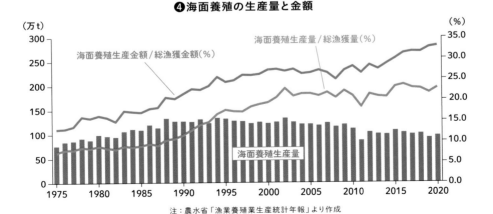

❹海面養殖の生産量と金額

注：農水省「漁業養殖業生産統計年報」より作成

食卓と流通

資源問題

内水面漁業

つくり・育てる漁業

環境と生物多様性

多面的機能

漁業の未来

世界の林業と日本の暮らし

日本の森のあり方

持続的な森づくりと林業経営

食料増産の道として養殖業の発展に大きな期待

　日本の総漁獲量は、1984年の1300万tをピークに2020年には、その半分以下の420万tにまで減少している。こうしたなかで海面養殖業に対する期待が高まってきており、わが国の海面養殖業は、生産量はやや減少傾向にあるが、総漁獲量に占める割合は、1997年以降、逆に高まっている。生産金額でも上昇する傾向にあり、2020年には全漁業生産金額の33%にまで達している。このようにわが国では海面養殖業が水産業の中で占める位置がきわめて重要なものになってきている。国際的にも世界の食料危機が叫ばれるなかで、FAO（国連食糧農業機関）は、食料増産の道として水産養殖業の発展に大きな期待を寄せている。

　海面養殖業には、魚類養殖、貝類養殖（ホタテガイ、カキ類）、水産動物類養殖（クルマエビ、ホヤ類）、藻類養殖（ノリ、コンブ、ワカメ）、真珠養殖などがある。生産量は魚類養殖がもっとも安定しており、2005年から2020年までほとんど変わりがない。

　養殖魚類の年別生産量によれば、ブリ類（カンパチ、ヒラマサを含む）とマダイの生産量が非常に高く、この2つの養殖魚種で約8割を占めている（❺）。

　近年では、大規模な養殖施設によるクロマグロやサーモンの海面養殖が盛んになってきている。また、閉鎖循環式陸上養殖（C-RAS: Closed Recirculating Aquaculture System）と呼ばれる工業化した陸上養殖システムも登場し始めている。ただしRASは大量の電気を使うことから、この問題を解決することが課題となっている。

❺魚種別年別養殖魚類の生産量（単位：t）

	ギンザケ	ブリ類	マアジ	シマアジ	マダイ	ヒラメ	フグ類	クロマグロ	その他魚類	小計
2000年	13107	136834	3052	3058	82183	7075	4733	—	8631	258673
2002年	8023	162496	3462	2931	71754	6221	5231	—	8287	268405
2004年	9607	150068	2458	2668	80959	5241	4329	—	6951	262281
2006年	12046	155004	1977	3300	71141	4613	4371	—	5930	258382
2008年	12809	155108	1695	2638	71588	4164	4138	—	7991	260131
2010年	14766	138936	1471	2795	67607	3977	4410	—	11751	245713
2012年	9728	160215	1093	3131	56653	3125	4179	9639	2709	250472
2014年	12802	134608	836	3186	61702	2607	4902	14713	2607	237963
2016年	13208	140868	740	3941	66965	2309	3491	13413	2659	247594
2018年	18053	138229	848	4763	60736	2186	4166	17641	2868	249490
2020年	17333	137511	595	4042	65973	1790	3393	18167	3117	251921

注：農水省「漁業養殖業生産統計年報」より作成

もっと学ぶための参考文献・資料

●乾政秀（2021）「日本の養殖と栽培漁業を知る」『現代漁業入門』（濱田武士監修）家の光協会

解説2 海面養殖の大半は小規模家族経営体

　養殖経営体を、家族を中心とする自営業である個人経営と人を雇って行なう会社経営に区分してみる。海面養殖経営体数は全体で1万3950、そのうち個人経営体は1万2506（90％）、会社経営体は983（7％）だ。経営体の最も多いのがノリ類養殖で3214、次いでホタテガイ養殖2496、カキ類養殖2067、ワカメ類養殖1835である。これら4種の養殖経営体で全体の約70％を占めている（❻）。

　魚類養殖における個人経営と会社経営体数の比較では、ヒラメ養殖がほぼ半々だが、あとはクロマグロ養殖を除き、個人経営が過半数を占めている。養殖漁業の場合、会社経営といっても実際は家族あるいは親戚中心の小規模経営が多く、家族経営的なものが多いのが実態である。

　しかし、近年、規模拡大の傾向もみられ、本格的な企業経営への指向も見られるようになっている。とくに大規模な養殖施設と運転資金を必要とするクロマグロ養殖には、マルハ・ニチロ、ニッスイ、双日などの大手水産会社や商社が参入するようになり、クロマグロ養殖経営体のほとんどは会社経営となっている。

　養殖経営体全体の70％を占めるホタテガイ養殖、カキ類養殖、ワカメ類養殖、ノリ類養殖では9割以上が個人経営体であり、企業的経営が増えてきたとはいえ、小規模家族養殖業が全国の地域漁村を支える海面養殖業となっている。

❻魚種別業態別海面養殖経営体数

種類	個人	会社	その他	合計	種類	個人	会社	その他	合計
ギンザケ養殖	48	11	1	60	クルマエビ養殖	15	52	8	75
ブリ類養殖	279	232	9	520	ホヤ類養殖	166	1	0	167
マダイ養殖	297	139	9	445	その他の水産動物類養殖	47	1	2	50
ヒラメ養殖	24	25	5	54	コンブ類養殖	912	2	2	916
トラフグ養殖	84	53	2	139	ワカメ類養殖	1813	10	12	1835
クロマグロ養殖	3	61	5	69	ノリ類養殖	2864	74	276	3214
その他の魚類養殖	74	24	7	105	その他の海藻類養殖	644	6	11	661
ホタテガイ養殖	2390	51	55	2496	真珠養殖	513	81	0	594
カキ類養殖	1880	150	37	2067	真珠母貝養殖	241	5	2	248
その他の貝類養殖	212	5	18	235	計	12506	983	461	13950

出所：「2018年漁業センサス」、注：「その他」は漁協経営や共同経営など

食卓と流通

資源問題

内水面漁業

つくり・育てる漁業

環境と生物多様性

多面的機能

漁業の未来

世界の林業と日本の暮らし

日本の森のあり方

持続的な森づくりと林業経営

増えるサーモン養殖

執筆：馬場 治

◎サケとサーモン

　海面で漁獲された大型のものを日本ではサケ、海外ではサーモンと呼びます。サケもサーモンも同じサケ属で生物学的には区別されません。日本でだけ商品販売の上で「養殖された生食が可能な大型サケ類」をサーモンと呼んでいます。日本人は従来、シロザケを食べていましたが、このサケは寄生虫の心配があるため生食せずに、焼き物や鍋などの加熱用として消費してきました。このような消費のあり方を大きく変えたのが寄生虫の心配のいらない養殖サーモンで、近年、刺身や寿司としてその需要は増え続けています。世界のサーモン養殖の総生産量は約400万t（2020年）。そのうちノルウェーが149万t、チリが108万tで、2カ国だけで全体の60％以上を占めます。養殖サーモンの種類は、アトランティックサーモン、ギンザケ、ニジマス（商品名トラウトサーモン）などです。

◎日本と世界のサーモン養殖

　日本におけるサーモン養殖の総生産量は1.8万tで、これにサケマス類の漁獲量9.5万tを加えても11万t程度しかありません。日本国内のサケマス類の消費量は約35万tで、不足する24万tを外国から輸入しています。サーモンの輸入先はノルウェーとチリで、この2カ国だけで輸入量の8割近くを占めています。輸入サーモンの中心は養殖物で、ノルウェーからは主にタイセイヨウサケ、チリからはギンザケが輸入されます。

　世界的にサーモン養殖が増え始めたのは1990年代からで、その中心がノルウェーでのタイセイヨウサケの養殖でした。日本でのサーモン養殖は、三陸地方でのギンザケの海面養殖、淡水域でのサーモン養殖（主にニジマス）が、それぞれ1980年代に2万t前後のピークを迎えますが、その後減少してしまいました。しかし、近年のサーモン需要の高まりを受けた価格上昇で、生産量は再び増加

❶サーモン寿司（ノルウェーの寿司店で筆者撮影）
サーモンはノルウェーでの養殖技術の発達と販売戦略により生食が普及し、サーモン寿司が登場した。
ノルウェーの輸出促進政策もあり、サーモン寿司、サーモン刺身は日本で大人気である

食卓と流通

資源問題

内水面漁業

つくり・育てる漁業

環境と生物多様性

多面的機能

漁業の未来

世界の林業と日本の暮らし

日本の森のあり方

持続的な森づくりと林業経営

の傾向にあります。

　養殖ギンザケは、刺身でも食べられますが、量販店では主に焼き物用として販売されます。これに対して、ノルウェーなどから輸入されるタイセイヨウサケは刺身用として販売されて人気を集めています（❶）。このようなサーモンの刺身需要の高まりを受けて、近年、日本でもニジマスやサクラマスなどのサーモン養殖がブームとなっています。しかし、一年中海水温の低いノルウェーやチリと異なり、日本では夏場に海水温が18℃（サーモン養殖の適水温は18℃以下）以上になるため、水温の低い淡水で一年間育てた稚魚を11月から12月頃に海の生簀に入れて翌年の7月頃まで育てて出荷します。短期間での養殖のため、ノルウェーやチリのような大型サーモンにまで育てることは困難で、2〜3kgサイズが中心となっています。

◎ご当地サーモンの取り組みが広がっている

　このような制約のあるサーモン養殖ですが、近年ではいわゆる「ご当地サーモン」と呼ばれる小規模なサーモン養殖の取り組みが全国各地（海水、淡水問わず）で行なわれるようになりました。海峡サーモン、信州サーモン、讃岐さーもん、宇和島サーモン、広島サーモンなど、日本全国の北から南まで多様な取り組みが行なわれて、地域振興の一翼を担っています。国産サーモン養殖の生産量は輸入量に比べればまだ少ないものの、輸入物に比べて水揚げから消費までの時間が短いために鮮度が良く、今後は輸入物に置き換わることが期待されています。

1-8

地球を守る海藻養殖

執筆：星合愿一

◎江戸時代に始まったノリ養殖

　日本人は古くから多くの恵みを海から得てきました。1300年前の歌集「万集集」には、「比多潟の磯のわかめの立ち乱え我をか待つなも昨夜も今夜も」と、磯のわかめが立ちゆらぐように、恋人が思い乱れて私を待っていることであろうかと詠まれています。万葉集には海藻を詠んだ歌が80首以上もでてきます。

　海産物の養殖といえば魚類養殖は想像できても、海藻養殖が思い浮かぶ人は少ないかもしれません。海藻養殖の歴史としてノリ養殖は江戸時代にすでに東京湾で、天然ワカメの粗放的養殖は昭和25年頃から始まっています。魚類養殖の開始はマダイ養殖が明治40年、ハマチ養殖が昭和27年ですので、海藻養殖のほうが魚類養殖よりも先輩格といえます。海藻養殖の生産量は令和2年度で約40万tと、貝類の約31万t、魚類の約25万tを上回る量となっています。東北地方のワカメは昭和40年代に入り養殖生産量が天然産の倍に達しています。海藻養殖は魚類養殖とは異なり給餌は必要なく、低コストで環境にやさしい養殖といえます（❶、❷）。

❶養殖ワカメの間引き作業（岩手県大船渡市北浜わかめ組合）

これまで海藻はビタミンやミネラル以外の栄養に乏しく低栄養価の食品とみなされていました。しかし、現代の飽食時代にあって海藻は低エネルギー食品として、また、豊富な食物繊維によるコレステロール低下・血糖調整作用・整腸作用・降血圧作用などの栄養生理効果食品として見直されています。

❷養殖ワカメの収穫作業　写真提供：岩手県田老漁業協同組合

◎「水産エコラベル」の取り組み

みなさんは「水産エコラベル」という言葉を聞いたことがありますか？　これは、水産資源や生態系などの環境にやさしい方法で行なわれる漁業や養殖業を認証し、認証された漁業や養殖業から生産された水産物や、これらの認証水産物を利用してつくられた製品に「水産エコラベル（MEL：Marine Eco-Label= マリン・エコラベル）」というロゴマークを表示して販売できる仕組みです。

海藻養殖ではこれまでに岩手県田老漁協・三重県鳥羽磯部漁協のワカメと福島県相馬双葉漁協のヒトエグサ（アオノリ）が認証され、宮城県の企業のウニ陸上養殖も認証されています。ウニ陸上養殖は、海藻を食べ尽くして磯焼けを引き起こしている場所の過剰なウニを種苗用に採取駆除して、ワカメの加工残渣・キャベツの外葉などを給餌する養殖で、磯焼け漁場の海藻の保護育成をめざしているものです。ロゴマークが添付された商品を見かけたら、ぜひ手に取ってみてください。

◎地球を救う海藻養殖

植物が光合成により、大気中の二酸化炭素（CO_2）を吸収することはよく知られていますが、海藻も成長過程で光合成を行なって CO_2 を吸収し、炭素を固定します。陸上植物により貯留される炭素をグリーンカーボン（Green Carbon）、海藻などの海洋生物により貯留される炭素をブルーカーボン（Blue Carbon）と呼びます。

海藻類は陸上植物に比べて炭素固定能力が高く、食料資源としての利用ばかりでなく、CO_2 の削減に大きな貢献ができると期待されています。いま、世界的にも海藻養殖場の拡大造成は、食料危機対策として、また CO_2 削減をめざす地球温暖化対策としても大きな課題となってきています。

食卓と流通

資源問題

内水面漁業

つくり・育てる漁業

環境と生物多様性

多面的機能

漁業の未来

世界の林業と日本の暮らし

日本の森のあり方

持続的な森づくりと林業経営

9 サケを食べながら守り続ける

魚の放流は自然保護でしょうか？

執筆：森田健太郎

❶サケの一生：自然産卵する野生魚と人工授精でつくられる放流魚

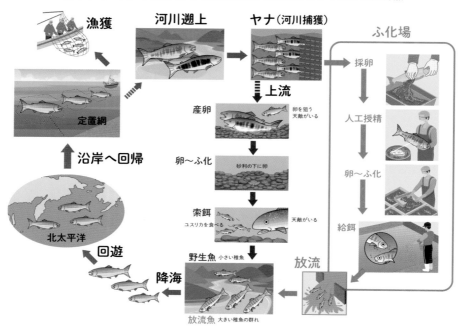

　毎年春になると、サケの稚魚を放流するニュースが各地で伝えられます。日本では、釣りを楽しむための放流、水辺に親しむための市民による放流など、さまざまな目的で魚の放流が全国各地で行なわれています。しかし、良かれと思って行なわれている放流であっても、逆にもともとそこに暮らす魚を減らしたり、川の生態系に悪影響を与えたりする場合があることを、科学者たちは指摘しています。生物多様性の保全を目的にするならば、基本的に放流という行為は行なわないことが好ましいといえます。サケの放流は生物多様性の保全のために行なわれているのではなく、人間が食べるためのサケを効率よく増やすために、すなわち漁業のために、サケの人工ふ化放流が行なわれているのです（❶）。

栽培漁業、家魚化、遺伝的多様性、持続可能な漁業

なぜ、放流が生物多様性に悪影響をもたらすのか？

　川や湖に放される放流魚と、もともとそこに暮らす野生魚は同じ生息空間を共有することから、これらの間の魚には餌などをめぐる競合関係が生じます。ある環境に生息可能な最大の生物量のことを「環境収容力」といいます。環境収容力に余裕のない状況では、放流は逆に野生魚を減らすことにつながる場合があります。また、環境が悪化してしまった川では、野生魚が少ないからといって、環境収容力に余裕があるわけではありません。同じ種類の魚でも、遺伝的に異なる地域から魚を持ち込むと、地域の固有性が失われ、生物多様性の減少をもたらします。また、放流魚の多くは、人工環境下で飼育されていた魚です。自然界では死ぬはずの個体が、人間が手をかけて飼育した人工環境では生き残るので、放流魚と野生魚には違いが生じます（❷、❸）。たとえば、何世代も飼育された魚は、捕食者に対する警戒心が低く、野生魚との性質の違いが知られています。人工的な飼育環境に適応することを「家魚化」と呼びます。遺伝的に異なる放流魚と野生魚が交雑することがあれば、本来の種の性質が失われてしまいます。野生魚にとっては、人間による放流は迷惑になることもあるのです。

　サケは回帰性という本能があるので、放された川に戻ってきます。しかし、戻ってきた川に、産卵して子孫を残せる環境があるとは限りません。また、放流されたサケ稚魚は、もともと他の川に遡った両親から人工受精され生まれた魚かも知れません。本当は両親が生まれた川に帰りたかったのではないでしょうか。サケを増やす人工ふ化放流という取り組みは、人間の食料を作るために必要とされているのです。

❷ 2 種類のサケの稚魚。左側（6 尾）は人工授精で生まれヒトに餌を与えられ大きく育った放流魚、右側（10 尾）は自然産卵で生まれ自然の餌で育った野生魚

❸ 自然産卵するサケの親魚。人間の捕獲（漁業やふ化場のヤナ）を逃れて川の上流の産卵場まで到達した

調べてみよう

☐ 放流されている魚の由来を調べてみよう。

☐ 誰のために魚を放つのだろうか。

☐ 放流する川に野生魚や在来魚はいないのだろうか。

食卓と流通

資源問題

内水面漁業

つくり・育てる漁業

環境と生物多様性

多面的機能

漁業の未来

世界の林業と日本の暮らし

日本の森のあり方

持続的な森づくりと林業経営

同じ種類の魚でも人の関わり方はさまざま
── 野生魚、天然魚、養殖魚、放流魚

　同じ種類の魚であっても、人間との関わりの程度はさまざまである。生物多様性の保全や水産資源を適切に管理していくためには、人間との関わりの程度を理解する必要がある。

　人間が人工授精し稚魚まで育ててから放流する魚のことを放流魚という。一方、自然産卵によって生まれた魚のことを野生魚という。放流魚も野生魚もその両親が野生魚か放流魚かは分からないことが多く、問わない。過去に放流魚や人為的に移殖された魚と交配したことが無く、遺伝的に本来の状態を保持している場合は、天然魚、在来魚、原種などという（❹、❺）。また、養殖場で生涯を通して飼育されている魚のことを養殖魚という。しかし、魚屋やスーパーマーケットで流通している水産物では、たとえ放流魚のサケであっても、養殖されたサーモンと区別するために、天然やWild salmon と称して流通されていることもある。

　野生魚を守ることは、生態系の多様性を守り、家魚化を防ぐという意味で大切である。天然魚を守ることは、遺伝子の多様性や遺伝資源を保全するという意味で重要であり、将来の養殖魚の品種改良などに役立つかも知れない。たとえば、握り寿司のサーモンとして普及しているアトランティックサーモンは、1980 ～ 1990 年代に急速に養殖生産量を増大させることに成功したが、遺伝的に多様な野生集団が多く存在したおかげで、養殖魚の品種改良を急速に進めることができたと言われている。

❹人間の関わり方と魚の呼び方

野生魚	Wild fish / Natural-origin fish	自然産卵で生まれた魚。両親は野生魚か放流魚かは問わない
放流魚	Hatchery fish	一定期間を人工環境下で飼育され、野外に放流された個体。通常は、人工授精を伴うことが多い。人工授精に用いられた両親は野生魚か放流魚かは問わない
養殖魚	Farmed fish	養殖場で飼育されている魚。数世代にわたり人工再生産されている場合は継代飼育という
天然魚・ 在来魚・原種	Native fish	過去に人為的な放流によって他個体群や放流魚が混ざったことがなく、 遺伝的な固有性が保存された個体

❺放流魚や養殖魚を用いる目的

種苗放流に よる増殖＊	Stock enhancement	飼育した魚を放流し、野生資源を回復または増加させる
栽培漁業	Sea ranching	卵や稚魚を人為的に採集し、育てた種苗を放流して成長した個体を漁獲する
海面養殖	Sea farming	網で囲った区域に魚を放して育てる。主に食料を生産する
再導入	Reintroduction	ある地域から絶滅した種を回復させるための短期的な放流

注：＊単に増殖というと、種苗放流以外の方法（漁獲の制限、生息環境の保全など）で魚を増やす取り組みも含まれる

もっと学ぶための参考文献・資料

● 日本魚類学会「生物多様性の保全をめざした魚類の放流ガイドライン」 https://www.fish-isj.jp/info/050406.html
● 日本生態学会編（2015）『人間活動と生態系』共立出版
● 森田健太郎（2020）「サケを食べながら守り続けるために」『日本水産学会誌』86: 180-183　doi.org/10.2331/suisan.WA2730

食卓と流通

資源問題

内水面漁業

つくり・育てる漁業

環境と生物多様性

多面的機能

漁業の未来

世界の林業と日本の暮らし

日本の森のあり方

持続的な森づくりと林業経営

解説 2　サケを食べながら守り続けるために
—— 環境保全型ふ化放流事業

　人工ふ化放流に頼りすぎると、「家魚化」という遺伝的な変化が生じ、生命力が低下するという負の側面が科学者により指摘されている。注目されるのは、人間による人工繁殖だけで世代交代を維持するのではなく、人工繁殖で生まれた放流魚も親として自然界で子孫を残せるよう環境を整え、また、自然産卵で生まれた野生魚も種親として種苗生産に参加させる——という放流魚と野生魚を融和させた環境保全型ふ化放流事業である（❻）。

　すなわち、自然産卵する野生魚とふ化場生まれの放流魚間での遺伝子流動をコントロールすることで、遺伝的には野生魚に近い状態で放流魚を生産し、ふ化放流を継続するという考えである。持続可能な漁業に与えられる国際的な水産エコラベルの MSC 認証においても、このような環境保全型ふ化放流事業に基づくサケの保全管理が求められている。

　日本においても、1970 年代までのサケ増殖計画では人工ふ化と自然産卵の併用が掲げられ、自然産卵を保護助長するための具体的な対策が示されていた。しかし、その後、人工ふ化だけでサケの増殖に取り組んできた日本では、サケは上流の産卵場に到達する前に下流のヤナ（＝流路をふさいで捕獲する仕掛け）で止められ、人工ふ化に用いる親魚などを漁獲するシステムが広く定着している。また、漁獲量を広範囲に増やすために、移殖放流も行なわれ、遺伝的な攪乱も招いてきた。沿岸域で大半の個体が漁獲されていることも相まって、現在、自由に自然産卵できるサケは限られている。

　サケを食べながら守り続けるためには、回帰したサケを全て漁獲するのではなく、自然産卵するサケを獲り残す資源管理が必要である。サケが自然産卵できるよう保全することにより、ふ化放流で増やすサケの遺伝的な健全性を高めるのである。今後は、サケ稚魚の放流だけではなく、サケ親魚の再放流や獲り残しがカギとなるであろう。

❻ 融和方策（Integrated Programs）を用いた環境保全型ふ化放流事業の概念図

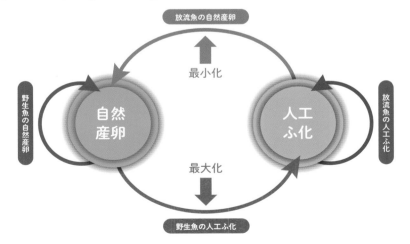

ウナギをとおして
社会のあり方を見直す

あなたは野生のウナギを
見たことがありますか？

執筆：飯島 博

❶天然ウナギの生息地としての谷津田（茨城県霞ヶ浦周辺）

　あなたは野生のウナギを見たり採ったりしたことがありますか。ニホンウナギは絶滅危惧種に指定されるほど、身近な環境から遠い存在になってしまいました。かつて、関東平野の沼や湖、河川には日本一と言われるほどたくさんのウナギが棲んでいました。とくに日本で二番目に大きな湖である霞ヶ浦流域は平坦で56本の川があり、その川からはたくさんの支流が伸び、支流の上流には谷津田とよばれる森に囲まれた田んぼがありました（❶）。谷津田ひとつひとつが、霞ヶ浦の水源です。このような霞ヶ浦流域からもウナギは姿を消しました。どうしてなのでしょう。

食卓と流通

資源問題

内水面漁業

つくり・育てる漁業

環境と生物多様性

多面的機能

漁業の未来

世界の林業と日本の暮らし

日本の森のあり方

持続的な森づくりと林業経営

谷津田はかつてウナギの宝庫だった

谷津田は、木の枝のような形をした谷で、谷間にある田んぼは、森から湧いてくる水を使っています（❷）。霞ヶ浦の流域には、谷津田が 1000 本以上もあります。谷津田には、小川やため池もあり、谷津田は、網の目のように霞ヶ浦流域をおおっています。谷津田は森に囲まれ、きれいな湧き水が豊富にあるので、トンボやカエル、ホタルなどの里山の生物たちの貴重なすみかになっています。私たちは耕作する人のいなくなった荒れた田んぼを元に戻して、

❷谷津田の図

無農薬で米作りを始めました。すると、地元の人から「あそこの谷津田で子どもの頃よくウナギを採ったものだよ」という話を聞くようになりました。

そこで、霞ヶ浦周辺の小学校の子どもたちに協力してもらい、身近なお年寄りから昔ウナギを見たり採ったりした場所を聞いてもらうアンケート調査をやりました（❸）。その結果を見て驚きました。霞ヶ浦や川などの水辺よりも、谷津田を流れる小川や池、用水路などの身近な水辺で、ウナギを採ったという結果が出たのです。霞ヶ浦流域を網の目のようにおおう谷津田のほとんどがウナギの生息地だったのです。ウナギは、1960 年ごろまでは、人々の近くに普通にいた生き物だったことが、調査でわかりました。ウナギは海から川へ、さらにその支流の上流にある田んぼや森とのつながりを支えに生きてきた生き物でした。海から田んぼや森へのつながりを取り戻し、ウナギを呼び戻していくことは、地球環境を守り良くしていくことにもつながるのです。

❸ウナギアンケート（地域の高齢者に聞き取り調査）

ウナギアンケートを実施

今と昔のウナギの分布を調べる

ウナギが減った理由を知り改善を考える

流域ぐるみで天然ウナギ
再生に取り組む

解説
1

ウナギの目になって自然や社会を見直す

　毎年、土用の丑の日が近づくと、ウナギの話題がニュースに取り上げられる。その内容を見ると、シラスウナギの採捕量の減少や完全養殖への期待を報じるものが多い。「科学が追い求める問いが、あるものが『なにか』という古い問いから、それが『どのように』生じるのかという新しい問いに移行した」（ハンナ・アーレント：ドイツ出身の哲学者）ように、ウナギとは何か、どのような意味を持つのかといった問いが忘却され、社会の関心は主にウナギの完全養殖（どのように）へと向かっているようだ。

　ウナギとは何かという問いは、専門家のみならず多くの人々が共有できる問いだ。そのような問いを持つことで、人々が視野を広げ、社会のあり方を問い直し、海から川、湖、田んぼ、小川、里山といった自然が持つ繋がりの意味や価値を再評価する機会となる。

　私たちの認定NPO法人「アサザ基金」では、霞ヶ浦の再生を目標に流域各地の小中学校で、ウナギをテーマとした総合学習を行なってきた。ウナギの目になって自然や社会を見直すことで、子どもたちは地域や社会が抱える多くの課題や問題に気づくことができた。ウナギの視点で、これまで個別に捉えていた課題や問題を、問題群や問題系として捉えることもできた（❹）。

　ウナギは、過去と現在の比較にも役立つ。昔から人々に親しまれてきたウナギは、人々の記憶に残りやすく、自然環境の変化や人々の暮らしの変化などを理解するための教材として適している。私たちが、霞ヶ浦周辺の小中学校で行なったウナギアンケートでは、子どもたちが地元のお年寄りから聞き取りを行ない、霞ヶ浦再生やウナギ復活に必要な多くの情報を集めることができた。

　さらに、これらの情報を生かし、ウナギを身近な水辺に呼び戻すための提案や、まちづくりや社会のあり方を考える学習へと展開していくこともできた。

❹谷津田での生き物観察

もっと学ぶための参考文献・資料

●井田徹治（2007）『ウナギ　地球環境を語る魚』岩波新書
●海部健三（2016）『ウナギの保全生態学』共立出版
●二平章（2006）「利根川および霞ヶ浦におけるウナギ漁獲量の変動」『茨城内水面水産試験場報告』第 40 号

解説 2　ウナギから見えるSDGsや循環型社会

　ウナギを絶滅危惧種にまで追い込んだ原因を探っていくと、私たちの社会が抱えているさまざまな問題や課題に行き着くことができる。そのひとつが、社会の縦割り化だろう。ウナギの生息に必要な海から里山へと広がる自然の繋がりが、社会の縦割りによって損なわれているからだ。その典型が霞ヶ浦で、治水や利水、水産、農業、工業、観光、環境など、それぞれを管轄する行政機関や制度、各種権利を有する団体などによって、水環境が幾重にも分断されている。

　ウナギの復活には、水環境が有している連続性の保全と再生が必要であり、それらを実現する縦割りを越えた合意形成の場（プラットホーム）が必要ではないか。

　霞ヶ浦で水環境の分断を象徴する存在が、常陸川水門（逆水門）だ。常陸川水門は湖の淡水化を目的に建設され、1974 年の完全閉鎖以来、海から湖への流れを遮断し、漁業や水質など環境に大きな影響を与えて続けている（❺）。ウナギは水門閉鎖後に激減した。

　「アサザ基金」では、常陸川水門の操作規則を見直し、シラスウナギが海から湖へ遡上する非灌漑期（主に秋から春先）に水門の柔軟運用を実施する提案を行なってきた。この提案は、霞ヶ浦流域の市議会などで採択され、国会でもたびたび取り上げられてきたが、まだ実現はしていない。

　2004 年に大手シンクタンクが、この提案を基に試算したところ、年間 193 億円の漁業者利益増が見込めるという結果になった。獲る漁業の復活は、水質浄化効果も期待できる。漁獲を通して富栄養化原因物質（リン・チッソ）を、湖の外に効率よく取り出せるからだ。

　ウナギの目で地域を見直すことで、SDGsや循環型社会といったテーマをより深くより身近に捉え、これからの社会のあり方を提案することもできるのではないか。

❺常陸川水門（逆水門）で海とのつながりを遮断された霞ヶ浦

□工事着手：1959 年 2 月
□竣　　工：1963 年 5 月
□事 業 費 ：約 18 億円

時代に合った位置付けが必要なのではないか

**1974 年から完全閉鎖。
海からの流れを完全に遮断**

食卓と流通

資源問題

内水面漁業

つくり・育てる漁業

環境と生物多様性

多面的機能

漁業の未来

世界の林業と日本の暮らし

日本の森のあり方

持続的な森づくりと林業経営

11 深刻な海洋プラスチックごみ問題

海がプラスチックで
いっぱいになるって本当?

執筆:磯辺篤彦

❶海岸の砂に混じる色とりどりのマイクロプラスチック

　いま日本では年間で1000万t近いプラスチックごみが廃棄処分されています。それでも99%は焼却や埋め立て、そして再利用など、環境に漏れないよう適正に処理されています。しかし、もとが1000万tであれば、わずか1%の漏れであっても10万t規模に膨れ上がるのです。環境に漏れたプラスチックが分解(他の生物が利用できるような無機態に変化)するには数百年から千年の年月が必要と言われています。年間に漏れる10万tは、海に流れ出て、プラスチックのまま溜まっていくとすると、今のように世界中からプラスチックが海に流れ続けるのであれば、いつかはプラスチックでいっぱいの海になってしまうかもしれないのです(❶)。

海のプラスチックごみ、マイクロプラスチック

海のプラスチックごみは、
どこから来てどこに行くの

　プラスチックが使われ出してから、今まで世界中で約5億 t が環境中に漏れ、そして 2500 万 t が海に出たとされています。2500 万 t のうち、街中で捨てられ川を経て海に流れ出たものが 80％、漁業により海で捨てられたものが 20% です。つまり、海のプラスチックごみの大半は、私たちの日常から環境に漏れ出たものなのです。

　海に出た 2500 万 t のうち、約 600 万 t は海岸に漂着し、海岸では紫外線によって劣化が進み、波に揉まれて、次第に細かなマイクロプラスチック（以下 MP）に砕けていきます（❷、❸）。小さな MP となって海を漂えば、鯨からプランクトンまでの大小さまざまな生物が誤食します。誤食が過ぎれば、生物が生きていくうえで大きな負担となります。

　陸で捨てられた 5 億 t のうち、海に流れなかった残りは、川や湖の底、あるいは土の中に溜まり続けるか、ゆっくりと海に向かって流れていくのか、実はよくわからないのです。食品や飲料水に混ざった MP が人に取り込まれるという研究もありますが、いまのところ健康に影響があるほどの量ではないとされています。人間には影響がないにしても、小さな生き物には影響があるかもしれません。

　陸や海に漏れたプラスチックごみの行方や影響についてはまだ十分に研究が進んでいません。将来のリスクを予測できないからといって、対策を先送りしてはいけません。プラスチックごみでいっぱいの地球になってしまえば取り返しがつきません。そうならないよう、私たちは今の暮らしから少しずつプラスチックを減らす努力を始めるべきです。また、環境に漏れても他の生物の害とならない素材に、プラスチックを置き換えることも必要です。

❷五島列島に漂着したプラスチックごみ。これらのごみは紫外線と温度変化によりマイクロプラスチックに分解され、海に排出されます

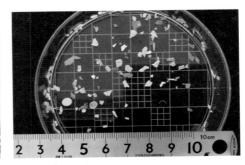

❸マイクロプラスチック

食卓と流通

資源問題

内水面漁業

つくり・育てる漁業

環境と生物多様性

多面的機能

漁業の未来

世界の林業と日本の暮らし

日本の森のあり方

持続的な森づくりと林業経営

解説1　廃棄プラスチックの流れと環境漏出の現状

　いま日本では年間で1000万t近いプラスチックごみが廃棄処分されている。そのうち99%は、焼却や埋め立て、再利用などで環境に漏れないよう適正に処理される。一方で、環境に漏れる投棄プラスチックごみの量は、日本では年間で10万t規模にのぼる。これは、もとの1000万tのわずか1%であるが、この1%を0にすることは難しい。そもそも使い捨てのプラスチックごみは、管理が個人に委ねられて、完全に適正処理することは現実的ではない。人口比をかければ、日本で10万t規模であれば、中国や東南アジアがどれほど適正処理の割合を上げたところで、数百万t規模での環境漏出は避けられない。私たちは、使い捨てのプラスチックは環境に漏れるものとの前提に立つ必要がある。世界で環境に漏れるプラスチックごみの量は年間で約3000万tである。このうち河川から海には年間で200万t前後の流出が見積もられている。

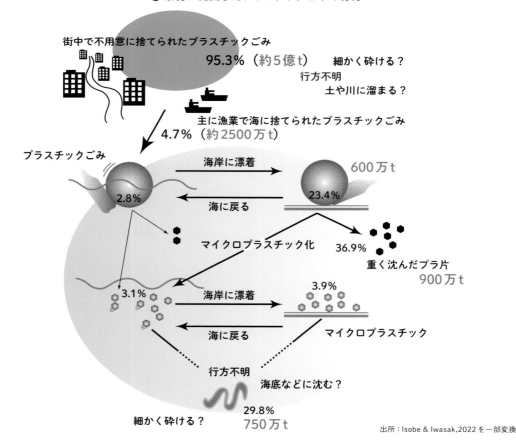

❹環境に流出したプラスチックごみの行方

街中で不用意に捨てられたプラスチックごみ
95.3%（約5億t）　　細かく砕ける？
　　　　　　　　　　　　　行方不明
　　　　　　　　　　　　土や川に溜まる？

主に漁業で海に捨てられたプラスチックごみ
4.7%（約2500万t）

プラスチックごみ

海岸に漂着 →　　600万t
← 海に戻る
2.8%　　23.4%

マイクロプラスチック化　36.9%

重く沈んだプラ片
900万t

3.1%　　海岸に漂着 →　　3.9%
← 海に戻る
マイクロプラスチック

行方不明
海底などに沈む？

細かく砕ける？　29.8%
750万t

出所：Isobe & Iwasak,2022を一部変換

●磯辺篤彦（2020）『海洋プラスチックごみ問題の真実 マイクロプラスチックの実態と未来予測』化学同人

以上は 2010 年の推計であるが、プラスチックの使用が始まった 1960 年代から現在までの環境漏出量を推算してみると、この約 60 年間で、世界中で約 5 億 t が環境中に漏れ、うち 2500 万 t が海に出たとされる。プラスチックの難分解性（他の生物が利用できるような無機態に容易に転換しない）によって、これら環境中に漏れたプラスチックは、地球のどこかに蓄積されているはずである（❹）。

解説2 環境に漏れたプラスチックごみの行方

　全地球の海洋を対象としたコンピュータ・シミュレーション結果から、約 60 年間で海に流れ出た 2500 万 t のプラスチックごみの行方を考えてみる。シミュレーションの精度は、世界の研究者によって行なわれた海岸漂着プラスチックごみ重量調査や、マイクロプラスチック（以下 MP）浮遊量の曳網調査結果を用いて検証している。

　2500 万 t のプラスチックごみのうち、23.4%（600 万 t）はプラスチックごみとして海岸に漂着しており、3% 弱の約 70 万 t は海を漂流している。また、約 7%（175 万 t）は MP に破砕されたのち、いまも世界の海で漂流と漂着を繰り返している。そして残りは、MP に破砕されたのち海水より重い素材のため海底に沈むか（36.9%）、海水より軽い素材でも、生物付着などを経て重くなり海洋表層から姿を消したと推計された（23.4%）。

　いま世界の研究者が標準的に採用している海表面近くの曳網調査では、この残りの約 67%（1650 万 t）は観測できない。採取できないほど細かく破砕が進んでのち、なお海面近くを浮いているか、浮力を失って海底に沈んだか、あるいは海岸砂に吸収されたか、これら「ミッシング・プラスチック」の蓄積量は、これからも世界の海域のどこかで増え続けるはずである。

　ここで大きな疑問が浮かぶ。いままで世界で環境中に漏出したプラスチックごみ量の総量は約 5 億 t である。一方で、海洋プラスチックごみの総量は、海面近くから姿を消したものを含めて 2500 万 t 程度（5 億 t の 5% 程度）なのである。残りの 95% はどこに行ったのだろうか。

　この陸で消えたプラスチックの行方は、まだよくわかっていない。土壌に吸収された、生物圏が吸収した、大気中を浮遊している、そして川や湖など陸水中に捕捉されているのだろう。今まで私たちが認識していた海洋プラスチックは、地球環境に漏れたプラスチックごみにとって氷山の一角にすぎない。これら陸で消えたプラスチックごみは、地球環境におけるプラスチックの巨大な貯蔵物であり、今後の海洋流出に至るまでの挙動追跡や、その過程での環境影響評価は注力すべき研究課題である。加えて、陸上で数百 μm を下回るまでに微細片化し、すでに大気や川を経て海に至った MP があるかもしれない。これらは現在の観測手法では捉えることができないのである。

食卓と流通

資源問題

内水面漁業

つくり・育てる漁業

環境と生物多様性

多面的機能

漁業の未来

世界の林業と日本の暮らし

日本の森のあり方

持続的な森づくりと林業経営

海洋プラスチックごみを追いかける

執筆：磯辺篤彦

　海洋プラスチックごみ問題や人為的な気候変動など、地球環境の劣化は、日常生活から遠いところで、ゆっくり進んでいきます。これまで、研究者はどのようにしてプラスチックごみによる海洋汚染の実態を捉え、社会に警鐘を鳴らしてきたのでしょうか。

◎データを集める

　自然科学は観測データがなければ始まりません。海に浮遊するマイクロプラスチック（以下MP）について多くの研究者が観測を始めたのは2010年代からです。初めの頃は、人によってデータの単位（海水体積当たりの浮遊個数や、海面面積あたりの重量など）や採取の道具が異なり、観測方法が統一されていませんでした。自然科学では何よりも観測方法の「統一化」が大切です。統一した方法で採取したデータを皆が持ち寄れば、大きなデータセットとなって、広い地球の実態を捉えることができます。MPの量も、2010年代の後半までに観測方法の統一化が進みました。今では、船舶での曳網調査で採取する方法や、採取した試料からMPを取り出す方法（❶）、生物起源の不純物とプラスチックを区別する方法など、世界中の研究者が、ほぼ同じ方法でMPの浮遊量を観測しています。

◎データを利用する

　多くの観測データを利用することで、将来の浮遊量も予測できるようになります。将来予測のために、私たちはコンピュータ・シミュレーションという手法を用います。これは、風や海流の向きや強さ、それに運ばれて時々刻々と変化するMPの分布を、物理法則に従って計算する実験方法です。ただ、シミュレーションには、いくつかの不確かな情報を組み込まなくてはなりません。たとえば、陸から海へのプラスチックごみの流出量や、プラスチックごみが小さなMPに破砕するまでの期間など、まだ多くの数値は、よくわかっていないのです。私たちは、

これら数値の組み合わせをありそうな範囲で仮定して、シミュレーションを行ないます。そして、シミュレーションで計算した浮遊量が、現在の浮遊量を再現できているか検証します。再現できていれば、仮定した数値の組み合わせが正しかったと判断できます。こうして精度を確かめたシミュレーションを利用することで、初めて将来の予測を行なうことができます。

◎結果を発信し、これを受け取る

　もし今のペースでプラスチックごみの海洋流出が続けば、東アジア周辺などの海域では、2060年代には浮遊MPが多くなりすぎて、生物に成長阻害などのダメージが現れると予測されます（❷）。このような予測結果は、すぐに社会に向けて発信されるわけではありません。その前に、査読論文として学術雑誌に発表するという大事なステップがあります。査読とは論文審査のことです。その論文が適正な手法で行なわれた研究の結果か、また結果に新規性があるかなどが審査されます。この査読審査が論文の品質を保証すると言えるのです。

　研究者は品質保証された情報だけを社会に発信しなければなりません。同時に市民側には、受け取った情報が査読論文として発表されたものか判別する理解力が求められます。環境の劣化を捉えるデータを集め、将来の予測に結びつける科学があって、初めて市民は地球環境の変化を目の当たりにします。そして、これ以上は劣化が進行しないよう対策を講じるのです。

❶調査船での調査中に海から収集されたマイクロプラスチックを取り出す

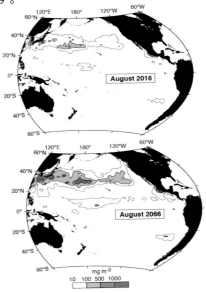

❷ 2016年現在と2066年の太平洋における浮遊マイクロプラスチックの濃度分布予測

食卓と流通

資源問題

内水面漁業

つくり・育てる漁業

環境と生物多様性

多面的機能

漁業の未来

世界の林業と日本の暮らし

日本の森のあり方

持続的な森づくりと林業経営

12 漁民が守る
海の環境・国境・人のいのち

漁業・漁民の役割は
魚介類を獲ることだけなの?

執筆：田口さつき

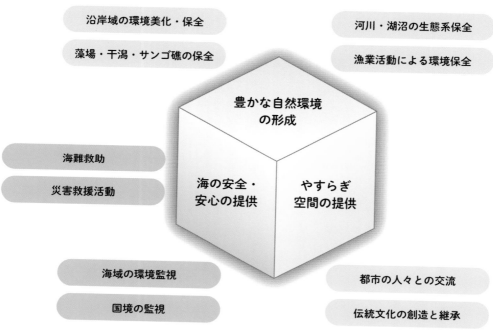

❶水産業や漁村の持つ多面的機能

沿岸域の環境美化・保全

河川・湖沼の生態系保全

藻場・干潟・サンゴ礁の保全

漁業活動による環境保全

豊かな自然環境
の形成

海難救助

災害救援活動

海の安全・
安心の提供

やすらぎ
空間の提供

海域の環境監視

国境の監視

都市の人々との交流

伝統文化の創造と継承

水産庁資料を参考に作成

　四方を海に囲まれ、多くの島々からなる日本の海岸線の総延長は、約3.4万kmと世界でも有数の長さを誇ります。この海岸線に漁業集落は5.5kmに1つ、合計で約6300あり、約22万5千隻の漁船が漁業生産活動に従事しています。漁港・港湾は約4000あり、海岸線に港は8.7kmに1つあります（水産庁）。このように全国津々浦々にある漁業集落で漁業を営む漁民の役割は、国民に漁獲した魚介類を販売・提供することだけなのでしょうか。

　水産業や漁村は、①豊かな自然環境の形成、②海の安全・安心の提供、③やすらぎ空間の提供など多面的機能と呼ばれるさまざまな恩恵を国民に提供しています（❶）。

海と共に生きる漁民たちが行なう
さまざまな活動

　漁民は日々、海を見ているので海の異変については敏感です。1960年代に家庭から
の雑排水が海に流れ込み、赤潮が発生したことを知り、漁民は合成洗剤について勉強
し、「わかしお石鹸」という天然油脂からつくる環境にやさしい石鹸を使う運動をはじ
めました。漁民は藻場、干潟、サンゴ礁を保全する役割も担ってきました。たとえば、
海の生物のゆりかごと言われる海藻の育つ場が消滅する現象に対しても、日本各地の
漁民は、海藻を食べるウニ等の駆除やアマモの苗を育て海底に植える活動も行なって
います。岡山県の日生町漁業協同組合の漁民たちは、1950年代には590haあった地
先の海のアマモ場が、沿岸開発で縮小したことに心を痛め、1985年からアマモ場の回
復活動を始めました。その活動で12haまで縮小したアマモ場は2015年には250ha
まで回復し、今もその取組みが続いています。現在、瀬戸内海では栄養塩が不足し、
貧栄養化が深刻な海域もあります。漁民たちは栄養塩の適切な供給を求める声をあげ、
2015年、2021年の瀬戸内海環境保全特別措置法改正のきっかけとなりました。また、
漁民は豊かな山林が海を育むとして宮城県唐桑の「森は海の恋人運動」や北海道の「お
魚殖やす植樹運動」など、全国で植樹活動をすすめています（❷）。

　海のゴミを取り除く活動も漁民は熱心に行なっています。川をとおして陸地から流
れ込むゴミは、大雨や台風の後は一段と増えます。漁民は、日々の操業で漁網の中に入っ
たゴミを持ち帰る、あるいは、特定の日に網を引いて海のゴミを取り除き、それを選
別して捨てるといった作業も行ないます。このような活動を漁民がすべて担うには資
金面での負担が大きく、国や県からの助成金などの支援も不可欠です。

❷北海道・お魚殖やす植樹運動

北海道では、1988年から北海道漁協女性部連絡協議会を中心に、全道各地で木を植え、森や林を大事に育てる取組みが続いている
写真提供：北海道漁業組合連合会

食卓と流通

資源問題

内水面漁業

つくり・育てる漁業

環境と生物多様性

多面的機能

漁業の未来

世界の林業と日本の暮らし

日本の森のあり方

持続的な森づくりと林業経営

海の安全確保

　漁民は、海の安全確保に多大な貢献をしている。たとえば、海難事故が起きたら漁民は救助にかけつけている。古くから「板子一枚下は地獄」（板子とは、和船の底に敷く揚げ板、つまり海に落ちたら地獄が待っている）といわれるように海は危険が多い。そのため、事故にあった場合は、互いに助け合う重要性が漁民には染み込んでいる。それだけでなく、日本各地の漁民は、無線通信訓練や転落者・漂流者の救助訓練などに参加し、海難事故等が発生した際には救助活動を行なっている。

　全国津々浦々での漁船操業は、洋上での不審な活動を早期発見、抑止する効果もある。麻薬などの不正薬物、武器などの密輸入の防止、外国勢力の工作活動の未然防止である。2020 年には東京五輪を控え、財務省関税局は全国漁業協同組合連合会と「密輸防止に関する覚書」を締結した。日頃から漁民は、警察署、海上保安庁、税関などに協力し、情報提供などを行なっている（❸）。

　さらには、漁民は漁業活動を通じて、副次的に国境の防衛・監視役も果たしている。日本は国連海洋法条約に基づき、海岸（基線）から 12 海里（1 海里＝1852m）までの海域を領海と定めている。領海は、主権の及ぶ海域である。排他的経済水域（EEZ）とは、海岸から 200 海里までの領海の外側の海域で、沿岸国は天然資源の開発、保存および管理等のための主権的権利や海洋環境の保護および保全などに関する管轄権がある。国境近くに人が住み、経済活動を行なうことは、領土や領海をその帰属する国家の主権のもとで国民が利用しているということであり、それを保護することは国家の重要な役割である。しかし、わが国の EEZ において、外国漁船の違法操業はあとを絶たず、EEZ だけでなく領海でさえ、日本の漁民による経済活動が難しいという深刻な事態も起きている。また、外国漁船による水産資源の過剰な漁獲も懸念されている。

❸漁船による海難・災害救助活動と海域環境・国境の監視

海難救助

海域の環境監視

災害救援活動

国境の監視

資料：水産庁

もっと学ぶための参考文献・資料

●戸田直弘（2002）『わたし琵琶湖の漁師です』光文社
●水産庁「水産業・漁村の多面的機能」https://www.jfa.maff.go.jp/j/kikaku/tamenteki/（2022年12月アクセス）
●水産庁「藻場・干潟・サンゴ礁の保全」https://www.jfa.maff.go.jp/j/kikaku/tamenteki/kaisetu/moba/index.html（2022年12月アクセス）
●山本民次編（2010）『「里海」としての沿岸域の新たな利用』恒星社厚生閣

解説
2

小規模漁業者がもつ多面的役割

　国連食糧農業機関（FAO）は、「水産物は、健康的な食事、伝統食等として世界中の人々に食べられてきた基本的で不可欠な食物であり、その大部分が小規模な漁業・養殖業に携わる人々から提供されてきた」として、特に小規模漁業者が世界の食料生産に果たす役割の重要性を評価し、2022年を「小規模伝統漁業・養殖業に関する国際年（the International Year of Artisanal Fisheries and Aquaculture）」とした。

　世界でも日本でも漁民の9割以上を占める小規模漁業者らは、国民への海産物の提供者というだけではなく、海難救助・災害救援活動・海域の環境監視・国境監視の役割を担っている。そしてまた、漁民たちは魚食、伝統漁法、祭事といった漁村文化の継承者であり、さらに都会の人々へ海洋レクリエーションや漁村文化体験、環境学習の場を提供している多面的な役割をもった人々である。

　魚食については、わが国では特に漁村の女性たちが漁業協同組合の女性部を通じて1970年代から魚食普及活動に取り組んできた。たとえば、漁村女性たちは小中学校での出前料理教室の開催、魚食レシピの作成・普及、地域イベントなどへの出店参加、市場食堂運営などさまざまな方法で、魚を食べることの大切さを小中学校の子どもたちや地域や都会の人々へ伝えている。

　また、日本各地には、海岸・海底地形や分布魚種などの特性に合わせた伝統的な漁法があり、漁民の手によってつくられてきた多様な伝統的漁具がある。祭事についても、航海安全や大漁の祈願、海難事故の慰霊に加え、魚介類の供養など、さまざまな祭りが漁村に受け継がれてきた（❹）。これらの漁村に伝わる伝統食、伝統漁法、祭事などの漁村文化を守ってきたのもそこに住む漁民たちである。海に生きる漁民の歴史や漁村文化を学びながら、彼らのもつ多面的役割から漁業の大切さを考えてみることも必要であろう。

❹愛知県南知多町「豊浜鯛まつり」

写真提供：南知多町役場

食卓と流通

資源問題

内水面漁業

つくり・育てる漁業

環境と生物多様性

多面的機能

漁業の未来

世界の林業と日本の暮らし

日本の森のあり方

持続的な森づくりと林業経営

13 SDGs と持続可能な漁業

SDGs の目標 14「海の豊かさを守ろう」について教えて！

執筆：二平 章

❶美しい海（愛媛県愛南町の養殖場）

　SDGs（持続可能な開発目標：Sustainable Development Goals）は、2015 年の国連サミットで加盟国の全会一致で採択されました。この目標は「持続可能な開発のための 2030 アジェンダ」に記載され、持続可能な地球をめざし 2030 年までに世界が達成をめざす国際目標となりました。17 の目標と169 のターゲット（具体的達成目標）から構成されています。SDGs の 14 番目の目標が「海の豊かさを守ろう」です（❶）。具体的には「持続可能な開発のために、海洋や海洋資源を保全し持続可能な形で利用しよう」と呼びかけています。

SD（Sustainable Development：持続可能な発展）の
理念と漁業の関係

　SDの理念は、1972年ストックホルムで開催された国連人間環境会議以降、地球環境保全のための指導理念として登場しました。次世代の人類のために地球環境を守り、自然資源を絶やすことなく持続的に利用し続けていこうというよびかけです。この理念は、地球サミット（国連環境開発会議1992年）で「リオデジャネイロ宣言」として採択されます。この宣言を受け、漁業分野では1994年に「海の憲法」と呼ばれる「国連海洋法条約」が成立し、翌年の1995年にはFAO（国連食糧農業機関）が「責任ある漁業のための行動規範（Code of Conduct for Responsible Fisheries）」を採択したのです。これは環境や次世代の人類にも配慮した魚類資源の持続的利用を実現するための具体的行動指針でした。2015年に国連で採択された「持続可能な開発のための2030アジェンダ」に記載されたSDGsの目標14「海の豊かさを守ろう」にある10の具体的達成目標は、❷のとおりです。

❷目標14「海の豊かさを守ろう」にある10の具体的達成目標

①	あらゆる種類の海洋汚染を防ぎ大幅に減らす
②	海と沿岸生態系を持続的な形で管理・保護、回復させる取り組みを行なう
③	海洋酸性化の影響を最小限に抑え、その影響に対処する
④	漁業による過剰漁獲や違法漁業を終わらせ、水産資源を回復させる
⑤	沿岸域や海域の10％を「海洋保護区」として保全する
⑥	過剰な漁獲、違法な漁業などにつながる補助金をなくす
⑦	島しょ国など開発途上国が海洋資源の利用で経済的利益を得られるようにする
⑧	その国の開発に貢献できるよう海洋技術が開発途上国で使えるようにする
⑨	小規模漁業者が、海洋資源や市場を利用できるようにする
⑩	「国連海洋法条約」に基づき海と海洋資源の保全と持続的利用を強化する

食卓と流通

資源問題

内水面漁業

つくり・育てる漁業

環境と生物多様性

多面的機能

漁業の未来

世界の林業と日本の暮らし

日本の森のあり方

持続的な森づくりと林業経営

国連における小規模漁業の再評価

　国連における世界の農業・漁業・食糧政策は 21 世紀初めまで、家族農業や小規模漁業を「非効率」「時代遅れ」として、農業や漁業を大規模化、企業化する方向を重視してきた。しかし、2007・2008 年に世界的な経済危機、食料危機が起こると、国連は食料危機を乗り越えるためには、経営体の 9 割を占める家族農業や小規模漁業を再評価・重視し、その強化が必要であるとしてそれまでの政策を大転換させた。そして 2011 年には国連総会が「国際家族農業（漁業）年 2014」の設置を決めている。国連がいう「家族農業」には「小規模漁業」や「畜産業」の意味が含まれている。さらに、2015 年に国連は、「持続可能な開発のための 2030 アジェンダ」を採択し、2030 年までに達成をめざす 17 の目標を明確化した。これが SDGs（Sustainable Development Goals：持続可能な開発目標）である。

　FAO（国連食糧農業機関）は、「責任ある漁業のための行動規範（1995 年）」を補完するものとして、2015 年に「FAO 持続可能な小規模漁業保障のためのガイドライン」を策定し、世界の漁業者の 9割以上を担う小規模漁業の貢献を重視し、小規模漁業の保護と持続的発展強化のための政策と法的枠組みを各国がつくるよう指針を示した。また国連は、SDGs を実現するために不可欠なのが「家族農業（漁業）」であるとして、2017 年に国連「家族農業（漁業）の 10 年」（2019 〜 2028）、2018年には「農民（漁民）と農村（漁村）で働く人びとの権利宣言」を総会で決議した。このように国連は、SDGs 達成へ向けて、各国に「家族農業」や「小規模漁業」の権利の尊重と振興施策を推進するよう呼びかけたのである（❸）。SDGs には 17 の国際目標の下に 169 のターゲットと 232 の指標が定められている。目標 14 には「海の豊かさを守ろう」があり、ターゲットに沿岸環境の保全や小規模漁業者への経営配慮の記載がある。

❸持続可能な漁業をめざす国連の動き

1972 年	国連人間環境会議（ストックホルム）
1992 年	国連環境開発会議（地球サミット）「リオデジャネイロ宣言」
1994 年	「国連海洋法条約」発効
1995 年	「責任ある漁業のための行動規範」FAO（国連食糧農業機関）
2001 年	「国連公海漁業協定」
2011 年	「国際家族農業（漁業）年 2014」国連総会
2015 年	「持続可能な開発のための 2030 アジェンダ（SDGs）」国連
2015 年	「持続可能な小規模漁業保障のためのガイドライン」策定、FAO
2017 年	「家族農業（漁業）の 10 年」（2019 〜 2028）国連
2017 年	「国際小規模漁業年 2022」国連総会
2018 年	「農民（漁民）と農村（漁村）で働く人びとの権利宣言」
2019 年	「家族農業（漁業）の 10 年」スタート
2022 年	「国際小規模漁業年（小規模伝統漁業・養殖業に関する国際年）」

もっと学ぶための参考文献・資料

●蟹江憲史（2020）『SDGs（持続可能な開発目標）』中公新書
●関根佳恵（2020）『13歳からの食と農』かもがわ出版

解説 2 「国際小規模漁業年2022」

　SDGsと「小規模漁業」の持続的発展強化の目標達成をめざし、国連は2022年を「小規模伝統漁業・養殖業に関する国際年（略称：国際小規模漁業年）」と定めた。「国際小規模漁業年」は、2016年の第32回FAO水産委員会（COFI）で提案・承認され、2017年の第72回国連総会において国連の国際年の1つとして宣言された。

　「国際小規模漁業年」は「規模は小さいが、価値は大きい（Small in scale, big in value）」をスローガンに掲げ、①小規模伝統漁業・養殖業の認知度を高め、理解を深め、その持続可能な発展、特に食料安全保障と栄養促進、貧困撲滅および天然資源の利用への貢献を支援すること、②小規模伝統漁業・養殖業に従事する漁業者、養殖漁業者、バリューチェーンに関わるその他の関係者および政府関係者の間の意思疎通と協力を促進し、漁業・養殖業の持続可能性を促進するための能力および社会的開発と健全性を高めること、などを訴えている。

　世界で漁業を営む1億4千万人のうち90％は、小規模な家族漁業者であり、その家族漁業が魚介類消費量の60％以上を供給している（❹）。国連はその現実と重要性を世界各国が認識し、健全な食料システム構築に向け小規模漁業の持続可能な発展を保証するために、国際年として小規模漁業への支援政策の構築を各国へ呼びかけたのである。日本では新漁業法（2018）や水産基本計画（2022）など基本政策の改定が行なわれたが、小規模漁業重視の国際的動向には触れていない。このことも反映してか政府による国際小規模漁業年の具体的な記念イベントや紹介などはほとんど行なわれることはなかった。日本も世界と同様に経営体の9割以上は小規模漁業であることから、国連の提唱する家族農業・小規模漁業重視の政策課題を正面からとらえることが必要である。

❹岩手県陸前高田市の小規模家族漁業者

写真提供：さかな文化研究室

食卓と流通

資源問題

内水面漁業

つくり・育てる漁業

環境と生物多様性

多面的機能

漁業の未来

世界の林業と日本の暮らし

日本の森のあり方

持続的な森づくりと林業経営

林業の未来

The Future of Forestry

1 暮らしを支える林業

日本人は木材を1年に どれくらい使いますか？

執筆：佐藤宣子

❶建築における木材利用

左：約1400年前に建造された法隆寺五重塔　写真提供：佐藤浩司氏、右：福岡市森のおうち保育園の木造園舎　写真提供：藤本登留氏

　日本人は1人当たり年に0.59m³の木材を使っています（2020年）。木の柱や梁を使って建てた伝統的な木造建築は日本の文化を象徴しています。近年、木造の保育園などの建設も進んでいます（❶）。鉄筋コンクリート造であっても床や壁に木の板が張ってある建物、机や本棚などの木製家具、お椀などの木製食器もあります。私たちが毎日使っているものとしては、本や牛乳パックなどの紙製品も原料は木材です。

　このように、木材は私たちの生活を支えています。最近では、再生可能エネルギーとしての木質バイオマス発電やセルロースナノファイバーといった新素材の開発など、木材は再生可能な生物材料として注目されています。木材で高層ビルを建てるといった技術も開発されています。

木材利用、住宅、合板、産業用材、燃料材、製材、直交集成板（CLT）、
セルロースナノファイバー（CNF）

木材利用からみた林業

　皆さんは木材の年輪をじっくり見たことがありますか？　樹木は葉で光合成を行ない、年に1年輪ずつ、時間をかけて大きくなります。何十年も、何百年もかけて育った樹木を伐採して、人間が利用しています。木材は人間にとって必需品です。

　林業とは一般的に木を植栽・育成し、伐採して、伐採地から運び出し、販売するまでをいいます。育てるのに長期を要するというのが他の産業とは違う林業の特徴です。生物材料である木材は、樹種や品種、育った場所の地質や地形、あるいは育て方によって、年輪の幅や色などの見た目、強度や比重などの物理的な性質が異なります。

　日本は雨が多く温暖なので、樹木がよく育ち、先人たちはさまざまな用途に木材を使ってきました。世界最古の木造建築といわれる奈良の法隆寺の柱には、耐久性のあるヒノキが使われています。日本の住宅は縦に柱、横に土台、梁、桁などの横架材を組み合わせて建てる在来軸組構法の住宅が今も主流です。しかし、50年前の1970年代に比べると1人当たり木材消費量は約半分にまで減少しています（❷）。一方で、日本国内には戦後に植えた森林が利用できるようになっているため、国産の木材を積極的に活用する取組みが進められています。

❷日本の木材需要量の推移と1人当たり木材消費量

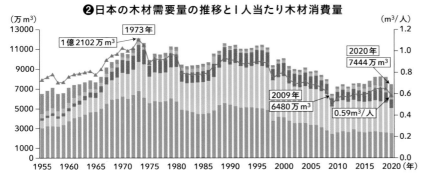

出典：林野庁「令和3年度版森林・林業白書」2022年、131頁の図を改訂して作成（元資料は林野庁「木材統計」）

調べてみよう

- ☐ 近くにある神社やお寺で使われている木材の樹種と産地を調べてみよう。
- ☐ 住んでいる都道府県や市町村は木材利用を推進しているだろうか？
- ☐ セルロースナノファイバー（CNF）と直交集成板（CLT）とは何かを調べてみよう。

食卓と流通

資源問題

内水面漁業

つくり・育てる漁業

環境と生物多様性

多面的機能

漁業の未来

世界の林業と日本の暮らし

日本の森のあり方

持続的な森づくりと林業経営

日本における木材利用の変化

　日本人は戦前まで、建築だけではなく、船や土木用、生活雑貨、エネルギー用などさまざまな用途に木材を使っていた。農業に不可欠な肥料も山の資源に依存していた。木を過剰に伐採し、ハゲ山化が度々問題となった。木材利用が大きく変化したのは、戦後の高度経済成長期である。生活用品がプラスチックに代わり、薪や炭から石油やガスへと化石エネルギーが普及、農業にも化学肥料が普及した。

　多様な木材利用が衰退するなか、高度経済成長期には都市人口が増えて住宅建築が旺盛だった。木材の需要は主に建築に使う製材用材と合板用材であった。経済成長の下で紙の需要も増し、原料となるパルプ・チップの割合が増した。この急増した需要は国産木材だけでは不足したため、大量の木材が輸入された。1973年には日本国内の木材需要量は過去最高の1億2102万m³で、1人当たり1.2m³と、現在の約2倍の木材利用量であった。

　しかし、1990年代後半以降になると、住宅着工戸数の減少に加え、和室の減少と室内から柱や梁が見えないクロス張りの家が増加し、製材用材の需要が減少した。特に、リーマンショックや消費税の引き上げなどがあった時には住宅着工戸数が減少し、製材用材の需要にも影響した。近年では、人口減少やペーパーレス化によって紙需要（パルプ・チップ用材）も減少している。一方で、2010年台は再生可能エネルギーとして木質バイオマスの利用が増加しており、高度経済成長期に衰退した燃料としての比率が高まり、木材利用の内訳が変化している。

　世界の木材利用量は約39億m³で1人平均0.49m³である（2020年）。日本は世界平均に比べると1人当たり2割程度木材消費量が多い。しかし、日本の木材自給率は約4割で輸入材の方が多く、国内の森林資源量（蓄積量）に対する木材生産量の割合は0.47％とOECD加盟国平均の1.20％よりも低く、最低水準である（❸）。つまり、日本は現在、森林資源を有効活用している国とはいえない状況となっている。

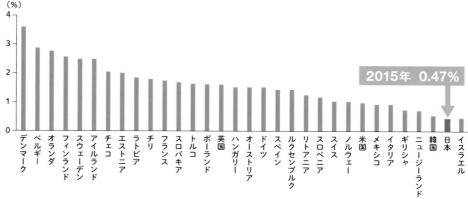

❸ OECD加盟国の森林蓄積量に対する木材生産量の比率（2015年）

出典：林野庁「平成30年度森林林業白書」97頁を改訂して作成
（元資料は、FAO（FAOSTAT）（2019年1月10日現在）、FAO「世界森林資源評価2015」、林野庁「森林・林業基本計画」（2016））

もっと学ぶための参考文献・資料

●海野聡「森と木と建築の日本史」岩波新書、2022年
●林野庁「森林・林業白書の各年版」(https://www.rinya.maff.go.jp/j/kikaku/hakusyo/)
●環境省「地球温暖化対策・セルロースナノファイバー」(https://www.env.go.jp/earth/ondanka/cnf.html)

解説2 再生可能な資源として注目される木材

　日本では成長する森林資源を有効利用できない状況（過小利用）が問題となっている。住宅着工戸数が頭打ちになるなかで、政府は2010年に「公共建築物等における木材の利用の促進に関する法律」を制定し、図書館や病院などの公共施設への木材利用を推進している。2020年には同法が改正され、民間の建築物へも対象が広げられた。木造の高層オフィスビル建設もはじまっている。

　木材利用推進は、脱炭素社会への寄与も目的に掲げられている。木材は鉄筋コンクリートに比べて、製造時に二酸化炭素の排出が少なく、光合成によって空気中の二酸化炭素を吸収して炭素を木材に蓄えるからである。さらに、木材は鉄よりも軽く加工がしやすい、熱伝導率が低く冬でも暖かい、湿度を調整するといった面も再評価されている。

　高層建築物を木材で建設するためには、強度的にバラツキがある材料は使いにくく、工業製品のように均質な材料が求められる。一般住宅の建設でも、柱や梁を建設前に加工しておく、プレカットが一般的になっている（❹）。そのため、近年、ラミナ（ひき板）や薄い単板、繊維などに木材を細分化して、接着剤を添加して圧縮・成型する加工品が増加している。合板や集成材、CLT（直交集成板）、繊維板などであり、エンジニアードウッドとも称される。

　さらに、木材からまったく新しい素材を作る技術開発も進んでいる。セルロースナノファイバーは、紙原料のパルプから髪の毛の数万分の1の直径まで細かくして製造する。軽くて強度があり、プラスチックに代わる素材として、温暖化対策に寄与する新技術に位置づけられている。

　こうした新たな木材加工は、一般的に大きな工場が必要である（❺）。また、木材を細分化して均質化することは自然素材の特徴を消すことにもなる。伝統的な利用と新しい技術による木材利用をどう組み合わせるかという点は、どのような森林を育成するのかといった点とも関係する課題である。

❹家を建設する前に製材品を加工するプレカット材
写真提供：藤本登留氏

❺合板工場の多段式ホットプレス（左）と合板材（右）
写真提供：藤本登留氏

食卓と流通

資源問題

内水面漁業

つくり・育てる漁業

環境と生物多様性

多面的機能

漁業の未来

世界の林業と日本の暮らし

日本の森のあり方

持続的な森づくりと林業経営

2　木材輸入の歴史と自給率

日本は森林が多いのに
なぜ木材を輸入するのですか？

執筆：立花 敏

❶ 第二次世界大戦後の日本の木材需給

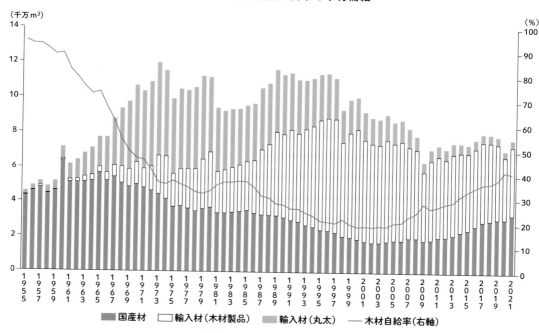

資料：林野庁「木材需給表」各年版

　日本の木材自給率は 2021 年に 41.1％であり、木材の約 6 割を輸入しています。木材自給率は 1950 年代後半に 90％超でしたが、2002 年には 18.8％まで低下しました。その後には上昇傾向を示しています。国内の森林で生産される国産材の供給量は、1960 年代後半から 2000 年代初頭まで減少傾向でしたが、2000 年代半ば以降に増加しています。他方、丸太の輸入は 1960 年代から 1970 年代まで増加し、木材の加工製品の輸入量も 1960 年代後半から 1990 年代まで増加基調でした。丸太か木材製品かという輸入の構成は 1980 年代に変化し始め、近年は木材製品がほとんどとなっています（❶）。これらの動向には国内外の社会経済要因が影響しています。

木材輸入の歴史

　木材輸入を振り返ると、高度経済成長期の木材輸入の増加、1980年代後半以降の輸入品目の丸太から木材製品へのシフト、2000年代半ば以降の木材輸入の緩やかな減少と整理できます。

　まず、第二次世界大戦時に軍事物資として森林が多量に伐採され、戦後に木材を生産できる森林は限られました。他方で、高度経済成長に伴って住宅建築や紙利用が増え、その原材料となる木材需要が増大しました。しかし、供給が不足したため木材価格が高騰し、そ

❷新潟港に輸入された大径のマレーシア・サラワク産丸太と香港人乗組員（2004年7月撮影）

れへの対処もあって各地の港湾が整備され、北米や東南アジア、ソビエト連邦等から丸太輸入を増やしました（❷）。輸入の増加には、日本の為替相場が1973年に変動相場制へ移行し、円高が進んだことも影響しました。

　1980年代に入ると木材輸出国にさまざまな変化が生じました。東南アジア地域では、それまでの過度な伐採等によって熱帯林が減少し、インドネシアは段階的に丸太輸出を制限して合板輸出振興を図り、1985年には丸太輸出を禁止しました。米国では天然林に棲むマダラフクロウなどの絶滅危惧種の生物を保護するために、1980年代終わりから天然林の伐採禁止と丸太輸出制限が行なわれました。このような経緯の中で、日本の木材輸入は丸太から木材製品へと変化したのです。

　2000年代に入るとさらなる変化がありました。気候変動に関する国際連合枠組条約において京都議定書が1997年に採択され、2005年に発効となって国内の森林整備が推進され、間伐材等の国産材供給量が増加しました。この過程で間伐材を合板や集成材に加工する技術が開発されました。他方、木材輸出国でも違法伐採問題の深刻化やロシアの丸太輸出関税引き上げがありました。また、中国が経済発展を伴って多くの木材輸入をするようになり、それも日本の輸入を減らす要因となりました。

調べてみよう

- [ ] 為替相場が円高になると、輸出と輸入はどう変わるだろうか？
- [ ] 世界的に見て絶滅危惧種が増えているのはなぜだろうか？
- [ ] 丸太を加工した木材製品（製材品、合板、集成材等）とはどのようなものだろうか？

食卓と流通

資源問題

内水面漁業

つくり・育てる漁業

環境と生物多様性

多面的機能

漁業の未来

世界の林業と日本の暮らし

日本の森のあり方

持続的な森づくりと林業経営

解説 1   日本はどこから木材を輸入してきたのか？

　木材は中間投入財という性格を有している。たとえば、丸太は製材工場や合板工場、パルプ工場等の原料であり、住宅用の柱や梁等となる製材品、コンクリート型枠（パネル）や壁、床下地等となる合板、紙用の木材チップやパルプに加工される。以下では丸太、製材品、木材チップを取り上げて輸入元の変化を見ていこう。

　丸太輸入自由化後となる1970年以降の産地別丸太輸入量を❸にまとめた。1970年の丸太輸入は4千万m³近くに達し、日本は世界屈指の丸太輸入国であった。その内訳はフィリピン等の東南アジア地域を主たる産地とする南洋材が最多であり、米国とカナダを産地とする北米材がそれに続いた。さらに、旧ソ連を産地とする北洋材、ニュージーランド（NZ）を産地とするNZ材があった。この頃には南洋材や北米材は天然林で生産された丸太が輸入されており、良質な南洋材丸太を原料として合板を製造し、その一部は米国等へ輸出されていた。その後、後述するさまざまな理由で日本の丸太輸入は大きく減少し、2020年には1970年の6％に過ぎなくなった。

　製材品輸入量では、北米産の製材品が1990年代半ばまで増加したが、その後は減少している（❹）。それに代わって1990年代半ばに欧州産製材品の輸入が増えて2010年と2020年に北米産を上回るようになっている。南洋材の製材品は、1980年代に増加したが、熱帯林の減少と共に1990年代後半に日本の輸入量も減少し、2020年に1990年比で5％に過ぎなくなった。他方、北洋材製材品の輸入量は2000年代後半に堅調に推移し、2020年には1990年の3倍の量となった。

　紙の原料となる木材チップ輸入は、1990年には主に米国と豪州からであった（❺）。2000年になると、ユーカリ等の広葉樹材チップを主とする豪州からの輸入が最多となり、ダグラスファー等の針葉樹材チップを主とする米国がそれに続いた。南米のチリや南アフリカといった赤道を越えた南半球からも輸入されるようになった。2020年の木材チップ輸入元は日本から距離の近いベトナムが最多となっている。

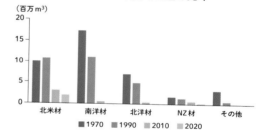

❸産地別丸太輸入量量の比率

（百万m³）

■1970 ■1990 ■2010 ■2020

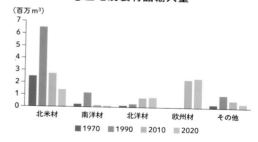

❹産地別製材品輸入量

（百万m³）

■1970 ■1990 ■2010 ■2020

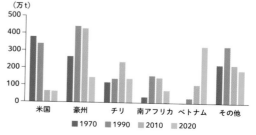

❺産地別木材チップ輸入量

（万t）

■1970 ■1990 ■2010 ■2020

資料：「貿易統計」

もっと学ぶための参考文献・資料

● 公益社団法人大日本山林会刊行の月刊誌『山林』の立花敏「林産物貿易レポート」（2003年4月より連載）
（https://www.sanrinkai.or.jp/backnumber/）
● 森林総合研究所編『森林・林業・木材産業の将来予測』日本林業調査会、2006年（特に第5章）
● 立花敏・久保山裕史・井上雅文・東原貴志編著『木力検定3 森林・林業を学ぶ100問』海青社、2014年

解説 2 諸外国の事情に影響される木材輸入と「ウッドショック」

　日本の木材輸入は、相手国の森林資源や政策、社会経済状況、為替相場等の国際経済要因などに影響を受けてきた。そのポイントを見ていこう。

　南洋材丸太は、熱帯林の減少や資源ナショナリズムの台頭により、インドネシアが1985年に、マレーシアのサバ州が1993年に丸太輸出を禁止とした。熱帯林の減少が進む中で、丸太で輸出するよりも加工して輸出するほうが国内への経済波及が大きく、他産業への貢献という面が重視された結果である。また、1990年代前半に米国のワシントン州やオレゴン州ではマダラフクロウ等が絶滅危惧種に指定されて保護されるようになり、棲息する国有林や州有林の天然林の伐採が制限され、丸太輸出は禁止ないし制限されるようになった。このように、南洋材と北米材の丸太輸出が大幅に減少した。他方で、1990年代には東南アジアからの合板輸入や北米等からの製材品輸入が増加することとなった。

　こうした中で、日本の製紙企業は1970年代から原料調達のために海外造林を始め、円高の進行とともに、それは1990年代以降に本格化した。主たる樹種はユーカリやアカシアマンギウムであり、植栽後に10年程で伐採されて原料となる。2000年代後半以降には、森林の成長量や日本からの距離の面からベトナムで産業造林が本格化し、そのことが木材チップの輸入元に変化を生じさせることとなった。

　このように、諸外国の事情により木材輸入は影響を受け、日本はこれまで3度の「ウッドショック」に見舞われている。第1次ウッドショックは、米国でのマダラフクロウの保護を契機に、丸太輸出が厳しく規制されて1992年に丸太価格が高騰した。第2次ウッドショックは2006年であり、インドネシアの大統領令により違法伐採対策の強化がなされ、林地や港湾での取り締まりが行なわれた結果、日本の南洋材合板輸入量が減少し、合板輸入価格の高騰が発生した。第3次ウッドショックは、新型コロナウイルス感染拡大のパンデミックが発端となり、米国でステイホーム（stay-at-home）の中で住宅の増改築需要が増え、丸太や製材品の供給が限られて製材品価格が高騰した。そして、日本でも北米からの製材品輸入の減少に伴い製材品の不足や価格上昇が深刻化した（**⑥**）。これらの経験からも、木材を過度に海外に依存せずに国内で安定的に供給していく体制づくりが重要になっている。

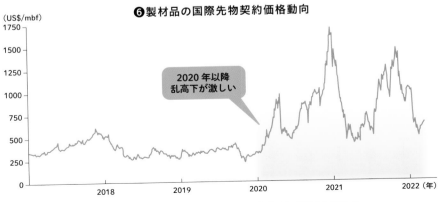

⑥製材品の国際先物契約価格動向

資料：https://jp.tradingeconomics.com/commodity/lumber より作成　注：1000bf=2.36㎥

食卓と流通

資源問題

内水面漁業

つくり・育てる漁業

環境と生物多様性

多面的機能

漁業の未来

世界の林業と日本の暮らし

日本の森のあり方

持続的な森づくりと林業経営

世界で森林が減っているのはどこか

執筆：藤原敬大

◎森林減少・劣化の現状と原因、気候変動への影響

　森林は世界の陸地面積の 31％（約 40 億 ha）を占めています（国際連合食糧農業機関（FAO）『世界森林資源評価 2020』）。その内訳は、熱帯林 45％、亜寒帯林 27％、温帯林 16％、亜熱帯林 11％です。国別では世界の森林の 54％が 5 カ国（ロシア、ブラジル、カナダ、アメリカ、中国）に集中し、ロシアは 1 カ国で約 20％を有しています。

　森林面積の変化をみると、1990 年代は毎年 780 万 ha の減少でしたが、2010 年代には 470 万 ha まで鈍化しています。しかし依然として九州（約 368 万 ha）を超える面積の森林が毎年減少しています。森林減少には地域差がみられます。2010 年代に森林減少が最も激しかったのはアフリカで、次に南米でした。アジア全体では森林が増加していますが、インドネシア、ミャンマー、カンボジアのように森林減少が続いている国もあります。FAO は地表を覆う「樹冠（樹木の幹の上部の枝葉が茂っている部分）」の面積の割合が 10％以上を「森林」と定義しています。したがって樹冠面積の割合が 10％未満になるまで統計上は「森林減少」とカウントされません。また森林面積が増加していたとしても、それらは単一樹種だけで構成される人工林であることも多く、かつて存在していた生物多様性が高い天然林とは異なります。数字が示す以上に「森林劣化」の実態は深刻です（❶）。

❶森林減少のモデル図

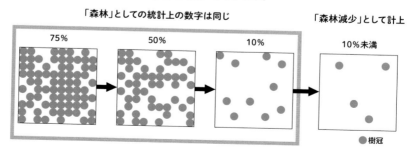

「森林」としての統計上の数字は同じ　　　　　　　　　　　　「森林減少」として計上

75％　　　　50％　　　　10％　　　　　　　10％未満

●樹冠

人為起源の温室効果ガスのうち農業、林業およびその他土地利用からの排出量が約23％を占めています（気候変動に関する政府間パネル（IPCC）『第6次評価報告書』）。そのため、森林減少・劣化による排出を削減することは気候変動対策でも重要になっています。

　森林減少の原因には「直接的原因」と「根本的原因」の2つがあります。経済社会基盤（インフラ）の開発、農地の拡大、木材生産は森林減少の直接的原因です。一方、人口の増加、伐採技術の発展、法制度の未整備なども根本的原因として森林減少に影響を及ぼしています。

◎インドネシアの事例

　インドネシアはブラジル、コンゴ民主共和国に次ぐ世界第3位の熱帯林面積を有する国です。同時に、世界最大のパーム油の生産国でもあります。パーム油は食品や洗剤など多くの製品に使用されており、私たちは日常的にパーム油を消費しています。

　パーム油生産のためのアブラヤシ農園開発はインドネシアの森林減少の大きな原因の1つです。2000年時点では418万haであったアブラヤシ農園は2021年には1466万haへと拡大しています（インドネシア中央統計局）。つまり日本の国土面積の約4分の1に相当する土地（森林を含む）がアブラヤシ農園へと転換されたことになります。またアブラヤシ農園の一部は泥炭湿地の開発を伴っています。自然状態の泥炭地は多くの水分を含んでおり、アブラヤシ農園等の開発には不適です。そのため、排水路を建設して乾燥させる必要がありますが、乾燥した泥炭地は火災が起こりやすくなります。インドネシアでは森林・泥炭地火災が頻発しており大きな社会問題になっています（❷）。森林・泥炭地火災は、森林を減少させるだけではなく、大量の炭素を大気中へ放出し気候変動問題へも大きな影響を与えます。そのため、インドネシア政府は2015年に泥炭地の再生や保護管理を目的とする泥炭復興庁を設立するとともに、2030年までに森林減少・劣化を停止させ、森林を炭素の排出源から吸収源へ転換させるための取り組みを進めています。

❷火災の影響を受けたアブラヤシ農園

食卓と流通

資源問題

内水面漁業

つくり・育てる漁業

環境と生物多様性

多面的機能

漁業の未来

世界の林業と日本の暮らし

日本の森のあり方

持続的な森づくりと林業経営

3 木材だけではない森林からの恵み

森林からもたらされる恵みは木材以外に どんなものがあるでしょうか?

執筆：齋藤暖生

❶森林を構成する植物と資源 (イメージ)

マント群落／そで群落：
つる＝道具
草本＝山菜、肥料
など

高木／亜高木層：
樹幹＝用材、燃料
落葉＝肥料、燃料
など

低木層：
樹幹＝道具
枝葉＝肥料、燃料
など

草本層：
薬草、肥料
など

菌根性
きのこ

倒木：きのこ

道／農地等

森林

出所：鈴木 牧・齋藤暖生・西尾 淳・宮下 直『森林の歴史と未来』p.48より。原図は齋藤作成

　木材を得るために木を植えて育てている森林を人工林と言います。日本の人工林は、森林全体の4割を占めます。逆に6割は、それ以外の森林で天然林と言います。一般に天然林では、数多くの種類の植物や動物、菌類を見ることができます。大きくて高い幹を持つ高木だけでなく、背の低い低木やつる植物、草本が生育し、さまざまな動物の住みかにもなっています。枯れ木や地上からは、きのこが発生します(❶)。こうした森にいる実にさまざまな生き物を、先人たちは食材や生活資材として巧みに利用してきました。森林の多様な生物資源を活かす利用文化の多くは、今は目に触れにくくなっていますが、森は、衣・食・住を支えてきたのです。

特用林産物は森林の稼ぎ頭か

　木材（特に柱や板などに使われる「用材」）以外の森林の多様な恵みは、特用林産物と呼ばれます。今も経済的な価値を持ち、統計が取られているものとしては、山菜、きのこなどの食材、塗料として使われる漆（うるし）、工芸用の素材となる竹材、薪や木炭などがあります。

　なかでも存在感が大きいのが、きのこです。国内のきのこ生産額は、統計上では林業生産額のおよそ半分を占めるとされています。はたして、きのこは森林の稼ぎ頭と言えるでしょうか。

　きのこで生産額の高いものは、秋の味覚の王様と言われるマツタケでしょうか。最近のマツタケの生産量は最盛期の100分の1に満たない水準で、95％ほどは輸入に頼っているのが現状です。実は、国内きのこ生産額のほとんどは、シイタケやナメコ、エノキタケなど栽培きのこが占めています。現在の栽培きのこは、「ほだ木」を使う原木栽培ではなく、おが粉をはじめとして多くの資材を混合した培地を使う菌床栽培（❷）が主流です。菌床栽培は、管理の行き届いた施設の中で栽培することが容易で、一年中安定した生産を可能にしていますが、投入される資材やエネルギーに着目すると、どこまで森林の恵みと言えるか、立ち止まって考える必要がありそうです。

❷エノキダケの菌床栽培

調べてみよう

☐ 買ってきた栽培きのこのパッケージにある表示から、
　きのこの産地（工場）がどのような場所か、地図で調べてみましょう。

☐ 「木へん」「竹かんむり」「草かんむり」を部位に含む漢字のなかで、
　暮らしの中で使われる道具を指すものを探し、
　その材料に何が使われていたのか、
　今は何が使われているのか調べてみましょう。

食卓と流通

資源問題

内水面漁業

つくり・育てる漁業

環境と生物多様性

多面的機能

漁業の未来

世界の林業と日本の暮らし

日本の森のあり方

持続的な森づくりと林業経営

森林文化の衰退と継承

　木材以外の山の産物は、林野副産物などとも呼ばれてきた。「副」という修飾語にみるように、マイナーなもの、細々としたものという特徴が暗に含まれている。一般に木材は、特に長大なものは、扱いに相当の技術や労働力を要し、庶民にはあまり馴染みのあるものとは言えなかった。むしろ、権力者が宮殿や寺社、城郭建築のために、そうした木材の利用に強い関心を持ってきた。

　庶民にとって細々とした産物は、直接身体で、あるいは手道具で扱いやすいという利点もあり、森林の恵みとしては主役であった。日々の暮らしに有用な産物を生み出す森林は人が植えて育てた人工林ではなく、さまざまな低木の天然林あるいは草原だったのである。

　一方、こうした細々とした産物を採取すること、また加工することには手間がかかり、なかなか生産効率を上げることはできない。副産物およびその加工品の多くは、近代的な生産技術で大量かつ安価に供給される商品に代替されてきた。たとえば、ザルはタケ（ササ）やマタタビなどのツル植物から作った「ひご」を材料に、手編みで作られてきたが（❸）、今は金属製あるいは樹脂製のものが主流となっている。石油やガスに取って代わられた薪や木炭もこうした例としてあげられるだろう。

　一方で現代に残っているものもある。そのうち、近代的な生産様式を取り入れることで残っているのが、きのこである。日本では世界に先駆けて、近代科学を応用したきのこ栽培技術が開発された。菌コマを用いた原木栽培（主にシイタケ）は、山村に豊富にあるナラやクヌギなどの中小径材を材料に、高付加価値商品を生産することを容易にする技術である（❹）。これが1960年頃に各地の山村に普及し、山村の経済を大きく支えた。しかしその後、より工業的な技術である菌床栽培が主流となると、原木栽培は主に価格面で不利となり、山村の生業としては成立しにくくなっている。なお、近年の栽培きのこは、ヨーロッパ原産のエリンギや、純白の品種が作出されたエノキタケなどが主要になっており、きのこの利用文化が残っているというよりは、むしろ新しく創られている面も大きい。

　純粋に伝統的な利用技術が継承されているものは、近代的な工業製品では代替不可能なものとして特別な価値が認められているものである。その典型として伝統的工芸品に認定されているものがあげられる。

❸タケ、つる、広葉樹の樹皮を使った工芸品

❹シイタケの原木栽培

もっと学ぶための参考文献・資料

● 齋藤暖生・松浦俊也・江原誠（2020）「10. 森林の恵み」日本森林学会編『森林学の百科事典』丸善出版
● 小椋純一（2012）『森と草原の歴史』古今書院
● 工芸ジャパンウェブサイト　https://kogeijapan.com

森林の恵みの多様性と生業の多様性

解説
2

　林野副産物の「林野」に着目すれば、これは「森林および野（草原）」から産出されるものである、という意味にも気づく。明治初年頃までは、いま森林となっている土地のおよそ半分は原野であったとされる。そして、山の恵みの多くは原野からもたらされていた。例えば、農地に投入される緑肥や、屋根を葺く資材として使われた茅、山菜の中でもワラビなどは、原野から得られるものだった。

　気候が温暖で湿潤な日本で、広大な原野が存在するのは不自然なことである。それを可能にしていたのは、人々の生業である。反復的に草や柴を刈り取ったり、火入れをしたりすることによって、森林まで遷移せずに草原植生が保たれた（**❺**）。薪炭材を採取したり、柴を刈ったりする場所では、若い樹木が優占する二次林が継続的に形成された。人々の林野に関わる生業がさまざまな形で行なわれていたことによって、さまざまなタイプの植生環境がもたらされていたのである。こうした人の干渉を受けながら成り立っていた林野は総じて里山と呼ばれている。里山では多様な生業が存在することで、多様な山の恵みがもたらされていた。マツタケはこうした里山を代表する産物であるが、人々が柴を刈ったり、落ち葉をかき集めたりする生業から離れたため、環境が変わり、もはや多くの発生は見込めなくなっている。

　ザルやカゴ、縄などの資材として重用されてきたササやつる植物は、人工林を育成する上では、やっかいな邪魔者として扱われる。しかし、人々の日常的な暮らしにとってはむしろ恵みであった。さまざまな山の恵みを活かす多様な生業が存在すれば、人工林の経営にも好影響をもたらす可能性がある。山形県鶴岡市での焼畑農業と林業の連携など、地域の中での生業の組み合わせ（生業複合）の中に林業を再度、位置付けようとする試みが、少しずつ行なわれ始めている。

❺茅場と茅葺き屋根

食卓と流通

資源問題

内水面漁業

つくり・育てる漁業

環境と生物多様性

多面的機能

漁業の未来

世界の林業と日本の暮らし

日本の森のあり方

持続的な森づくりと林業経営

バイオエネルギーと林業

木で電気ができるの？

執筆：泊みゆき

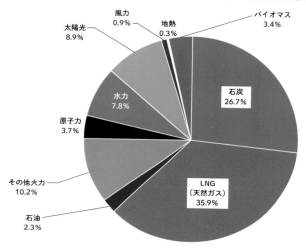

❶日本国内の電源構成（2020年度の年間発電電力量）

風力 0.9%
地熱 0.3%
バイオマス 3.4%
太陽光 8.9%
水力 7.8%
原子力 3.7%
その他火力 10.2%
石油 2.3%
石炭 26.7%
LNG（天然ガス）35.9%

出所：資源エネルギー庁「電力調査統計」などから環境エネルギー政策研究所作成　https://www.isep.or.jp/archives/library/13427
注：木質バイオマス発電は図中のバイオマスに含まれる。バイオマスにはその他、食品廃棄物や家畜糞尿などがある

　電気はどのようにつくられるのでしょうか？　火力発電では、石炭、天然ガス、石油などを燃やし、その熱で水を沸騰させると蒸気が発生します。蒸気は水の1700倍の体積になり、蒸気が発生すると膨張し圧力が生まれます。この圧力でタービンを回して電気が生まれます。木を燃やしても、同じことができます（木質バイオマス発電）。木を蒸し焼きにして可燃性のガスをつくりだし、そのガスでガスエンジンを回して発電するやり方もあります。

　これまで日本では、主に石炭や天然ガスといった化石燃料を燃やして発電してきました（❶）。何億年もかけて地中に蓄積された化石燃料を数十年で大量に燃やした結果、大気中の二酸化炭素濃度が高くなり、これが気候変動の原因となっています。今、世界の国々は、2050年に化石燃料の利用をほぼゼロにする目標に向けて取り組みを始めています。

再生可能エネルギーの１つ
── 木くずをエネルギーに使う

　石炭や天然ガスに代わるエネルギーとして、太陽光発電や風力発電などの再生可能エネルギーが普及しつつあります。木などのバイオマス（生物資源）も、再生可能エネルギーの１つです（❷）。

　木を燃やすと、石炭などと同じく、二酸化炭素が発生します。でも、また森林が成長すれば大気中の二酸化炭素は増えないので、炭素中立（カーボンニュートラル）と言われてきました。

❷木質バイオマス発電所（大分県日田市）

　ただ、森林を伐ってしまうと、もとのように育つには数十年以上かかります。森林が再生しないと、大気中の二酸化炭素は増えたままになってしまいます。今、バイオマス発電の一部に、海外の米国やカナダの森林を伐った木質燃料が使われていることが、問題になっています。

　木は、建材や家具、紙などさまざまな使い道がありますが、燃やしてしまうともう他の使い方はできません。木材は、建材や紙などにならない部分、つまり樹皮や木くず、そして建材として使い終わった建築廃材やもう紙に再生できない、ぼろぼろになった廃パルプを燃料にすることが重要です（資源のカスケード利用）。

　実は、木をそのまま燃料とするバイオマス発電は、発電コストが低くなりにくく、効率もよくないことがわかってきました。今、地域で出る木くずは、食品加工や化学などの工場の熱利用に使うのがよいと考えられます。他の再生可能エネルギーでは、工場で使う100℃以上の熱を供給するのが難しいからです。工場で使った後の排熱をその地域の暖房や給湯などに使うと、エネルギーが無駄なく使えるようになります。

調べてみよう

- ☐ どのような再生可能エネルギーがあるか調べてみよう。
- ☐ それぞれの再生可能エネルギーの特徴を調べてみよう。
- ☐ エネルギーの使われ方は電気だけだろうか？
  他にないか考えてみよう。

食卓と流通

資源問題

内水面漁業

つくり・育てる漁業

環境と生物多様性

多面的機能

漁業の未来

世界の林業と日本の暮らし

日本の森のあり方

持続的な森づくりと林業経営

解説 1　再生可能エネルギー固定価格買取制度（FIT）におけるバイオマス発電の課題

　木くずや有機系廃棄物などのバイオマス（生物資源）は、長らく、世界でも日本でも最も多く使われてきたエネルギーである。木材などのバイオマスは、建材、紙などのマテリアル利用からエネルギー利用までさまざまな利用方法があるが、燃料は利用の最終形態となる。

　他に使い道のない木くずなどを適切にエネルギー利用することは、経済的、社会的、環境的な利点があるが、持続可能性への配慮が欠けると、大きな問題が生じるリスクがある。

　日本では、再生可能エネルギーの利用拡大のため、2012 年に再生可能エネルギー固定価格買取制度（FIT）が導入され、太陽光発電、風力発電などと並んで、木くずなどの木質バイオマス発電も大量に導入された。日本には、毎年 2000 万 m³ の林地残材が発生しており、その有効活用策として期待され、現在、約 900 万 m³ の林地残材がバイオマス発電に使われるようになった。

　その一方で、❸のとおり、FIT によるバイオマス発電の稼働量の 3 分の 2、認定量の 8 割以上は、「一般木材」区分であり、輸入木質ペレットやパームヤシ殻（PKS）などの輸入バイオマスが多く含まれる。

　輸入バイオマスは、①長距離輸送の際に化石燃料を消費し、余計に CO_2 を排出する、②燃料費が海外に流出するため、地域の林地残材などを使う場合に比べ、地域への経済波及効果が低い、③森林を新たに伐採して生産された木質ペレットも含まれる、④エネルギー自給にならない、といったことが問題視されている。

　経済産業省は、バイオマス持続可能性ワーキンググループを開催し、FIT で使われるバイオマス燃料の持続可能性について専門家が議論している。本当に気候変動対策になるのか、森林破壊や騒音などの公害問題を起こしていないかなど、持続可能性について、十分に配慮することが必要だと考えられる。

❸再生可能エネルギー固定価格買取制度（FIT）におけるバイオマス発電の稼働・認定状況（新規）

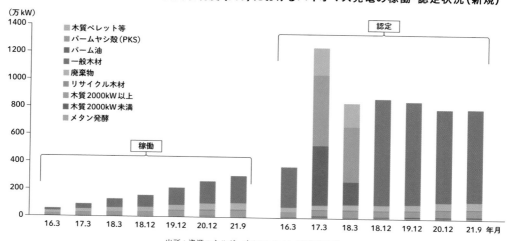

出所：資源エネルギー庁 Web サイトより筆者作成

もっと学ぶための参考文献・資料

●バイオマス白書（https://www.npobin.net/hakusho/2022/index.html）
●前田雄大（2021）『60分でわかる！カーボンニュートラル超入門』技術評論社
●今村雅人（2022）『再生可能エネルギーの仕組みと動向がよ〜くわかる本』秀和システム
●経済産業省資源エネルギー庁「なっとく！再生可能エネルギー バイオマス発電」
　https://www.enecho.meti.go.jp/category/saving_and_new/saiene/renewable/biomass/index.html

解説 2　今後の木質バイオマスの用途 ── 産業用熱利用

　FIT制度の導入により、木くずや林地残材などの木質バイオマスを使うバイオマス発電所が2022年3月現在、全国で新たに183カ所建設・稼働している。しかし、近年、木質バイオマスの使い道として、発電よりも熱利用、特に100℃以上の産業用熱利用に向けるべきということが指摘されている（❹）。日本の最終エネルギー需要のうち、電力は4分の1程度であるのに対し、熱需要は半分を占める（残りは輸送用燃料）。さらに熱需要の55％は中高温の産業用利用である。

　今後、脱炭素化を進めていくうえで、産業用熱利用については、合成燃料や水素といった代替策があげられているが、これらはまだ実用化された技術ではない。バイオマスは現状で産業用熱を供給できるほぼ唯一の再生可能エネルギーである（❺）。そのため、ヒートポンプや太陽熱・地中熱・未利用熱で供給できる給湯・暖房などの低温熱よりも、工場など中高温からの熱のカスケード利用を行なうことが望ましいと考えられる。

　チップなどの木質バイオマス燃料は、熱量当たりの価格は石油よりも低い。しかし、現状ではバイオマスボイラーの設置費用が石油ボイラーの数倍〜10倍程度と高価であり、設置できる事業者も限られている。また、地域で入手可能な木質チップは、建設廃材、製材端材、林地残材などの生チップなどの種類があり、その特徴に合わせたボイラーを設置する必要がある。

　今後は、バイオマスボイラー導入の支援や、バイオマスの熱売り事業、ESCO（設置費用をランニングコストの低減でまかなうビジネスモデル）などを行なうエネルギーサービス会社を育成することで、木質バイオマスの産業用熱利用の普及が期待される。

❹バイオマス発電と熱利用の比較

	発電	熱利用
経済性	FIT等の支援がないと、高価で継続は困難	燃料コストは化石燃料より安い（現状ではボイラーが高価）
希少性・代替性	太陽光・風力の発電コストは化石燃料より安くなりつつある	短中期的に中温以上の再エネ熱として貴重
気候変動対策効果	発電効率はおおむね30％台以下、気候変動対策効果は限定的	利用効率90％以上も可能。他の再エネに匹敵する削減効果

作成：泊みゆき

❺熱の主な供給方法と熱の利用温度帯

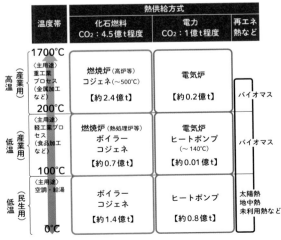

出所：経済産業省資料

食卓と流通

資源問題

内水面漁業

つくり・育てる漁業

環境と生物多様性

多面的機能

漁業の未来

世界の林業と日本の暮らし

日本の森のあり方

持続的な森づくりと林業経営

新興する薪ビジネス

執筆：齋藤暖生

◎薪利用の今昔

　みなさんは、薪と聞いて何を思い浮かべますか。キャンプブームもあって、焚き火を思い浮かべる人が多いのではないでしょうか。日常というよりは、非日常を楽しむイメージが強いかもしれません。

　昭和30（1955）年頃までは、薪は多くの家庭で炊事などに使われる日常的な燃料でした。ところがその後10年くらいで、薪は日常の燃料ではなくなりました。ガスや石油、電気を使う生活様式に一気に転換したのです。以降2010年代頃まで、日本では木材利用に占める燃料利用の割合は1%台で推移しました。同様のエネルギー源の転換は先進国全般で起こりましたが、日本ほど徹底された国は珍しいです。

　しかし最近、1%台だった燃料利用の割合は10%を超えるようになってきました。その要因は、木質バイオマス発電の興隆ですが、薪が眼に触れる機会も増えてきました。その背景には、薪ストーブ愛好家の増加やキャンプブームがあります。

　薪の価値はどのくらいでしょうか。筆者の住む山梨県の山間地域では、スーパーやホームセンターで、ナラの薪1束が800円くらいで売られています。これを単位熱量当たりの価格に換算して、石油（灯油）と比べてみると、薪は高価な燃料ということがわかるでしょう（❶）。

❶市販の薪と灯油の価格比較

	ナラの薪	灯油
一般的な購入単位と価格	800円／束 （束：直径約22cm×36cm）	2000円／18ℓ
基本物理量当たりの価格	107円／kg （1束およそ7.5kg）	111円／ℓ
基本物理量当たりの熱量	4000kcal/kg （気乾状態）	8800kcal/ℓ
熱量当たりの価格	26.75円 （1000kcal当たり）	12.61円 （1000kcal当たり）

注）2022年8月時点の山梨県での価格を参考とした

◎山梨県道志村の大野航輔さんによる薪の生産と販売

　山梨県道志村は、日本で一番キャンプ場の多い村と言われています。もともと村内に30のキャンプ場がありましたが、最近のキャンプブームを受けて40ほどに増えているようです。

横浜市出身で道志村に移住した大野航輔さんは、村内の人工林の手入れをしつつ、一般的な木材市場では売れない間伐材を薪にして販売する事業に取り組んでいます。

　大野さんが移住したきっかけは、木質バイオマスエネルギーのコンサルタント会社で働いていた時に、この村の仕事をしたことでした。地域おこし協力隊として移住した大野さんは、手入れ不足になっている人工林の整備と、それによって出てくる間伐材の有効利用に取り組みました。村内に「木の駅」を設置し、そこに間伐材が集まるようにして、それを材料にした薪を隣接する温浴施設に燃料として供給する仕組みを作りました。

　2018年から、大野さんは自ら伐採したスギの間伐材を、キャンプ用の薪として生産・供給する事業を始めました。薪作りには村内の人々と協働し収益を分配しています。年間5000〜6000束ほどの薪を生産していますが、キャンプブームに応じて生産量も収益も増えているわけでもないといいます。薪を製品化するには、原木の運搬、玉切り、薪割り、乾燥、束作りという手間と時間がかかる工程が避けて通れません。したがって、生産量を増やしたくても限界があり、生産費用も高くつきます。前述したように薪は贅沢な燃料ではありますが、利潤はほとんど出ないのが実情だそうです。大野さんは、薪のブランド化や小売の仕方を箱詰めにするなど工夫するほか、チェンソーで製材した板も販売するなど、少しでも多くの収益を得られるような努力をしています（❷）。仮に収益は少なくても、この事業には地域の方と協働し、山の課題を共有し、共に事業を育てていく特徴があります。森林環境の整備のみならず地域づくりに貢献しているという点で、高い社会的価値を認めることができるでしょう。

❷キャンパー向けの薪ビジネス

束ではなく箱詰めで売られる薪（上）と売場のポップ（左）

食卓と流通

資源問題

内水面漁業

つくり・育てる漁業

環境と生物多様性

多面的機能

漁業の未来

世界の林業と日本の暮らし

日本の森のあり方

持続的な森づくりと林業経営

5 天然林と人工林

日本の森はすべて
自然にできあがったの？

執筆：大久保達弘

❶日本列島の植生の水平分布

エゾマツ・トドマツ林

汎針広混交林

ブナ林分布北限

■ 亜寒帯常緑針葉樹林
□ 冷温帯夏緑広葉樹林
■ 暖温帯常緑広葉樹林
　（照葉樹林）

ブナ林

シラビソ・
オオシラビソ林

シイ・カシ・タブ林

亜熱帯常緑広葉樹林

出所：特定非営利活動法人 樹木・環境ネットワーク協会編集・発行（2020）
『グリーンセイバー　ネイチャー』112 ページ、図 2-8 を一部改変

　　低地にある多くの森は人の影響によってできあがったものです。日本は森林の国で、森林が成りたつのに十分な水分で大地は満たされています。南北に長い列島が連なっていて、海抜０ｍから高山まで樹木が生育しています（❶）。また日本列島は火山が連なり多くの場所に火山灰が被っていて、それが樹木を成長させるための養分に富んだ土を提供します。一方古く 3.8 万年前から人々が日本列島に住み始め、狩猟採取の生活から農耕生活へと変わり、稲作に必要な水の確保のために森林の重要性が認識されました。農業に必要な肥料として多くの草や枝葉が必要でした。そのため、低地の人口の増加に伴って森林が減少し、再生が必要になり、徐々に森林を育てる流れができあがってきました。

自然力を生かした森づくり

　日本はその温和な気候により自然植生としては森林 (天然林) が成立します。台風による風や雨、積雪などで被害を受けた後は二次林として復元し、もとの天然林の姿に戻るよう移り変わります。天然林の中で、現在日本では全く手つかずの森林、すなわち原生林はほとんどありません。現在の森林のほとんどは何らかの意図を人間がもって代替わりさせて育まれた森林、すなわち育成林と呼ばれる森林です。里山林はその代表例です。

　森林を更新しようとする場合、将来育成する目的に合った種子や苗木を用意する必要があります。しかし農業と違ってそれらの種子や苗木には播種や植栽後、水や肥料を基本的には与えません。森林の自然力を生かして更新させ、足りない部分を人間が補うことで、森林を育成させます。

　森林の更新に種子を使う場合、更新地に人間が直に種子をまいたり (直播き)、天然更新で近くの親木から種子を自然力で飛ばしてその定着をはかります。その場合、あらかじめ人為的に空間を空けたり、地表をかき起こしたりして種子の定着を促します。また苗木を使う更新の場合、人間が苗木を苗畑やコンテナ (鉢) で育てます (❷)。更新地をきれいに掃除し (地ごしらえ)、適地にあった苗木を植林します (適地適木)。また、広葉樹は苗木の代わりに親木の一部から栄養繁殖した萌芽枝を使って更新させる場合があります (❸)。すなわち森づくりは自然力をいかに生かすのかが重要です。

❷マルチキャビティコンテナによるスギ苗木生産の様子
（栃木県鹿沼市）

❸コナラのシイタケ原木林の萌芽更新施業の様子
　左：皆伐地、皆伐後 5 年程度、20 年程度経過した場所、
　右：コナラの切株からの萌芽枝の成長 (栃木県茂木町)

調べてみよう

□ 身近にあるできるだけ高い山に登って、
　植生の垂直分布の変化を調べてみよう。

□ 里山や奥山から種類の違うドングリを集めて、
　ペットボトルにまいて芽生えた稚樹の形や成長を観察してみよう。

食卓と流通

資源問題

内水面漁業

つくり・育てる漁業

環境と生物多様性

多面的機能

漁業の未来

世界の林業と日本の暮らし

日本の森のあり方

持続的な森づくりと林業経営

解説
1

日本列島の植生分布の特徴

　日本の森林率は約 67％と高く、その森林のほとんどは山岳地などの急傾斜地に位置している。過去の造山運動によって 4400 万年前に大陸から離れたところに日本列島が形成された。2 万年前の最終氷期以降、対馬海峡に暖流が流れ込んだ時にシベリア寒気団からの冬季季節風によって日本海側山地に多量の積雪をもたらすことになった。一方、夏季には太平洋高気圧がもたらす南からの季節風が、台風とともに強い風と多量の降水をもたらし、太平洋側山地では雲霧林を形づくっている。日本の植生の水平分布は、南北にわたって潜在的に連続して森林帯を形成している（❶参照）。南西諸島、小笠原諸島、九州、四国、本州西部は照葉樹林と呼ばれる常緑広葉樹林から構成されている。そこは常緑ブナ科のシイ類やカシ類などの照葉樹が林冠に広がる。南西諸島と小笠原諸島は亜熱帯気候に属する。林冠の樹種は、南西諸島ではアダン、マングローブ類、木生シダ（ヘゴ）が、小笠原ではタコノキ、木生シダ（マルハチ）が特徴的である。九州、四国、本州西部の照葉樹林はブナ科のシイ類、カシ類、その他には、クスノキ科、モチノキ科、ツバキ科などの照葉樹が分布している。本州中部以北から北海道渡島半島にかけての落葉広葉樹林では、落葉ブナ科のブナ類、ナラ類やカエデ類が潜在的に広がる。北海道渡島半島以北ではブナを欠く落葉広葉樹（ミズナラ、イタヤカエデなど）と常緑針葉樹（トドマツ、エゾマツ、アカエゾマツ）の汎針広混交林が潜在的な植生である。北海道北部では亜寒帯常緑針葉樹林が広がっている。

　日本の植生の垂直分布は、本州中部を例にすると、4 つに区分され、低山は常緑広葉樹林帯（照葉樹林帯）、山地は落葉広葉樹林帯（ブナ帯）、亜高山は常緑針葉樹林帯、高山は常緑針葉樹ハイマツ帯に区分される（❹）。また、日本の森林、特に冷温帯以北の林床にはササ類が繁茂しているところが多く、多雨な山地の土壌流亡を押さえていることは特筆される。

❹日本列島の植生の垂直的配列（垂直分布）

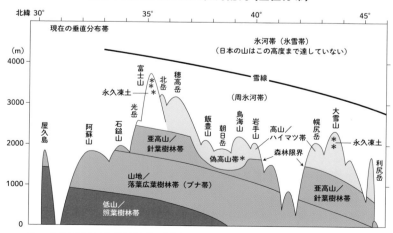

注：＊偽高山帯は日本海側多雪山地で針葉樹林を欠く地域
出所：小泉武栄・清水長正編（1992）『山の自然学入門』古今書院、巻末資料を改訂して作成

もっと学ぶための参考文献・資料

●中村太士・菊沢喜八郎編（2018）『森林と災害』（森林科学シリーズ3）共立出版

食卓と流通

資源問題

内水面漁業

つくり・育てる漁業

環境と生物多様性

多面的機能

漁業の未来

世界の林業と日本の暮らし

日本の森のあり方

持続的な森づくりと林業経営

解説 2　身近な里山と奥山の樹種と使われ方（コナラとブナ）

　日本の平地や低山地の森林は、縄文時代から人間活動の活発化によって、天然林は次々に伐採利用され、現在では二次林を主体とする里山景観に変化している。特に西日本の人間活動は古くから影響が大きく、現在、照葉樹林の原生林に近い形で残っているのは、面積の約1%に激減してしまい、その多くが社寺林などとして残されている残存林である。人間活動と深く結びついてきた森林は、里山林と呼ばれ、東日本ではブナ科のナラ類（コナラ、ミズナラ、クヌギ）、クリが、西日本ではブナ科のカシ類（アラカシ、シラカシなど）がその主要な樹種として占める。

　1960年代以前の里山林は農用林や生活林として利用されてきた。農村生活のための住居の柱や梁材として、また燃料として薪や柴が使われた。水分を含んだ薪は重くその採取地は、集落の近くに限られていたと考えられる。一方木炭は、容量および重量が生産品では大きく減少するため、集落から比較的離れた場所、すなわち奥山の領域からも人力や家畜で運搬が可能であった。農用利用としては、落葉広葉樹林は林床の落葉が採取され、農地への養分供給や土壌改良材として集められ投入された。落葉はそのまま水田に投入されたり、一度堆肥化させて農地に投入されたり、厩舎の敷き藁代わりに利用された後、厩肥として農地に投入されたりした。

　その後燃料革命が農村部で起こり、それまで必需品として利用された薪、炭、落葉はその需要が大きく減少した。そのために里山林と農地との一体的な利活用が途絶えてしまい、それぞれ別々に利用されるようになった。現代の里山林は、スギやヒノキなどの針葉樹は、主として用材として利用されている。落葉広葉樹は、一部はシイタケ原木林として利用されているが、ほとんどが利用されないまま放棄されるようになった。大径木化してナラ枯れのリスクが高まっている（❺）。それらは伐採しても萌芽更新の能力が低く、種子や苗木などによる有性繁殖に頼らなければならない。

❺カシノナガキクイムシによるナラ集団枯損の様子（山形県小国町）（2010.8）

左：ミズナラ集団枯損状態の遠望、右：ミズナラ大径木の枯損

森林の放射能問題

執筆：大久保達弘

◎原子力発電事故による森林の放射能汚染の特徴

　2011年3月11日に発生した東北地方太平洋沖地震は広範囲にわたって震災、火災と津波による甚大な被害を引き起こしました。時間経過にともなって森林はその被害から緩やかに回復してきました。一方、大震災後の史上最悪レベルの東京電力福島第一原子力発電所事故による森林への放射線の影響は、初期の直接的汚染の段階から長期的影響の段階へと除々に移行しつつありますが、震災や津波からの回復とは大きく異なる経過を辿っています。17都県の汚染地域は森林が多くを占め、森林生態系の土壌、流出水のみならず樹木、林床植物、動物、菌類など広範な生物相が影響を受けました。食物連鎖などの生態プロセスを通じて環境放射能汚染、被ばくによる人体障害が懸念されています。

　原発事故当初、森林はフィルターとして機能し都市や農地を放射線災害から護ったと考えられました。しかし、葉や枝に沈着した放射性物質が周辺農地や水辺など周辺生態系へ影響をもたらしていることが課題になっています。現在も、シイタケ用原木、おが粉、調理用薪、木炭、野生きのこ、山菜、野生獣および腐葉土などのさまざまな森の恵みの利用に規制がかかっています。それにともなって地域材や特用林産物などの風評被害も顕在化しています。

　東北・関東地方のうち8県では放射能汚染が今なお続いており、重点調査地域として経過観測されています。これらの地域には、"里山林"が多くあります。里山林はありふれた存在ですが、古くから地域の人々の暮らしを支え、現金収入が得られる大切な資源として利用されてきました。そこはスギやヒノキなどの常緑針葉樹以外にナラ類などの落葉広葉樹が重要な樹種となっています。

◎森林での除染の難しさと農地との一体的利活用の喪失

　事故当時は、落葉広葉樹の葉が開く前であったため、雨や風によって放射性セ

シウムはまず枝や樹皮に沈着し、その後開葉した葉の汚染も進みました。落葉広葉樹の葉の寿命は常緑針葉樹より短いため、落葉広葉樹の葉や枝に沈着した放射性セシウムは早い時期に落葉とともに地面に降下しました。葉に含まれる放射性セシウム濃度は時間と共に低下しましたが、高濃度に汚染された地域では放射性セシウム濃度の低下が遅い傾向にあります。シイタケ原木として利用されるコナラの材では、原発事故後半年～1年の短期間に放射性セシウムが検出され、増加傾向がみられました。樹皮に沈着した放射性セシウムが材へ吸収（経皮吸収）されたと考えられます。さらに、放射性セシウムが最も蓄積している地表近くの土壌からの根系吸収も起きていることがわかっています。

　旧来から里山林に多くを依存してきた農村では、木材、薪・柴、落ち葉などによって森林は農地と一体的に利用されてきました。❶は、原発事故による放射線影響で現在実施されている肥料・土壌改良資材・培土などの暫定許容値の設定状況（放射性セシウムを含む）を示した図です。森林と農地がつながるすべての経路において暫定許容値が設定され、利用が制限された状況が継続しています。農村の中でもより身近な里山林に依存した有機栽培を実践する農業者ほどその影響は深刻で、森林と農地との一体的利活用、さらには山菜やきのこ採りなど生活の楽しみの喪失につながりかねない事態が続いています。

**❶伝統的な森林と農地の一体的利活用における放射性セシウムを含む
シイタケ原木、薪・柴、落葉などの暫定規制値の設定状況**

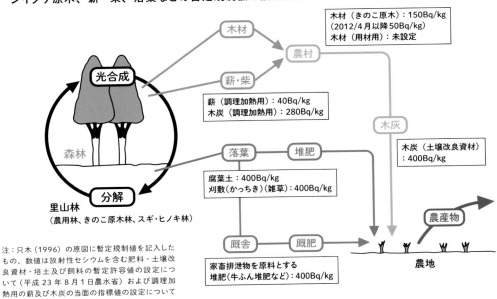

注：只木（1996）の原図に暫定規制値を記入したもの、数値は放射性セシウムを含む肥料・土壌改良資材・培土及び飼料の暫定許容値の設定について（平成23年8月1日農水省）および調理加熱用の薪及び木炭の当面の指標値の設定について（平成23年11月2日林野庁）による

食卓と流通

資源問題

内水面漁業

つくり・育てる漁業

環境と生物多様性

多面的機能

漁業の未来

世界の林業と日本の暮らし

日本の森のあり方

持続的な森づくりと林業経営

Theme 2

6 災害と森林との関係

土砂災害を森が防ぐ？

執筆：五味高志

❶森林と災害の関係における土壌と根の重要性

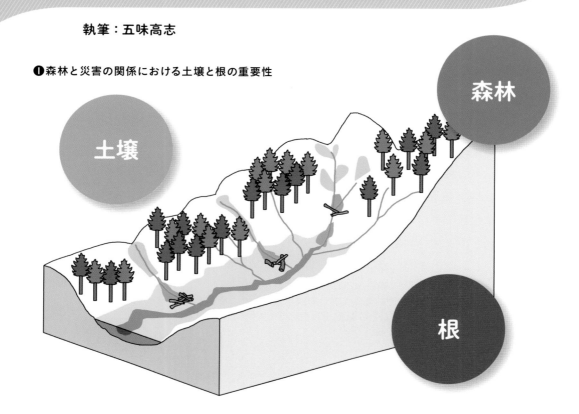

　「森林があることで山が崩れにくくなる」といった話を聞いたことがあると思います。森林と山崩れの関係を考えるとき、みなさんの足下にある「土（土壌）」がとても重要です（❶）。土壌の中には、樹木の根や林床を覆っている草木の根があります。土と木の根の広がりは、樹木の種類や生育環境により異なります。生育している樹木の数（密度）によっても異なります。私たちが日頃、目にしている樹木の幹や葉に加えて、木の根とその周りの土の役割を考える必要があるのです。

　森林と災害の関係を考えるとき、森林が斜面を安定させて災害を抑制する役割とともに、その限界を考えることも重要になります。集中豪雨などの極端気象を考慮して、森林と災害の関係を知ることが求められます。

斜面崩壊、土石流、水文学、砂防学、浸透能、森林管理、樹木根

樹木と斜面崩壊の関係

　森林に降った雨は、樹冠（樹木の葉がある部分）に到達します。樹冠に到達した雨水のうち、一部は樹冠に貯留され、蒸発して大気に戻り（樹冠遮断）、残りは林内を通過する雨（林内雨）や幹を伝って流れる雨水（樹幹流）として、地表に到達します。一般的に、森林内の地表面は、落葉や草本類が繁茂し、到達した雨水は土壌中へ浸透します。ただし、落葉や草本類が少ない場合では、土壌に浸透しにくくなり、表面流として流れる場合もあります。土壌へ浸透する雨水は、斜面の下方向（側方流）に流れるものや、さらに土壌深くの岩盤に浸透（鉛直浸透）するものがあります。

　斜面にある土壌には常に重力が作用し、斜面の下へ土壌を引っ張る力（せん断力）が働いていますが、同時に斜面に土壌を留まらせる力（せん断抵抗力）も働いており、山の斜面は留まっています。ところが、雨が降ると、土壌中に水が貯まることで、せん断抵抗力が低下し、斜面崩壊が発生します。

　樹木の根は、斜面の土壌を留まらせる作用があります（❷）。樹木根は、土壌の深い方向に伸び、すべり面に杭のように土壌を留まらせる効果を発揮します。一方、根は水平方向にも伸び、隣接する樹木の根と絡み合うことで土を塊として結びつけます。樹木根を成長させるような森林の管理が求められます。しかし、このような樹木の根の効果は、根の深さと広がりが関係していることから、崩壊の仕方によって発揮できる効果が異なります。樹木の根よりも深い箇所で崩壊が発生する場合は、根の効果は限定的です。また、強い雨が長く続くことや急傾斜斜面においては、森林があっても崩壊が発生します。

水平根の役割

鉛直根の役割

斜面崩壊地などで確認される樹木や林床植生根

❷樹木の根の役割

調べてみよう

- [ ] 身近な地域の雨の降り方を調べてみよう。下記のサイトから、最近の最大日雨量と最大1時間雨量を30年前と比較してみよう。
https://www.data.jma.go.jp/obd/stats/etrn/
- [ ] 遊歩道で、切土面をみつけたら樹木の根の深さを調べてみよう。

食卓と流通

資源問題

内水面漁業

つくり・育てる漁業

環境と生物多様性

多面的機能

漁業の未来

世界の林業と日本の暮らし

日本の森のあり方

持続的な森づくりと林業経営

表層崩壊と深層崩壊

　斜面崩壊（❸）のうち、地表面から岩盤までの表面を覆っている土壌やその直下の風化した岩盤層が0.5 〜 2m の深さで崩れる現象を表層崩壊という。表層崩壊は、傾斜角がおおむね 30 度以上で、凹地形のように水の集まりやすい地形で起こりやすい傾向がある。深さ 2m 程度の土壌と岩盤の境界に水が貯まることで、表層崩壊が発生しやすくなる。一方、岩盤を含めた 10m にも達する深い層で崩れる現象を深層崩壊という。斜面崩壊の発生要因は、表層崩壊および深層崩壊ともに、大雨や雪どけ、さらには地震などがある。

　長雨により土壌より深い岩盤のなかの小さな割れ目に水がしみ込み、貯留されることで、その水の圧力で岩盤は崩れやすくなり深層崩壊が発生しやすくなる。深層崩壊は表層崩壊に比べて、崩れる土砂の量が多く、崩壊した土砂が流下する土石流や、土砂が河川に溜まる河道閉塞、さらには天然ダムの形成などもあり、土砂移動による被害も大きくなる傾向がある。2011 年 9 月「紀伊半島大水害」では、総降雨量が 1000mm を越え、76 カ所の深層崩壊の発生、それに伴う天然ダムの形成などが確認されている。深層崩壊は、山体の隆起速度が速い地域や、付加体とよばれる地質で形成されている箇所で発生しやすいことが報告されている。明治時代から発生した 188 の深層崩壊のデータから、深層崩壊の危険が高い地域を示した全国地図が報告されている。深層崩壊は、砂防ダムなどの施設による対策が難しく、地域の避難計画などのソフト対策が重要となる。発生しやすい流域が特定されて、地域別に公表されている。

❸表層崩壊（左）と深層崩壊（右）

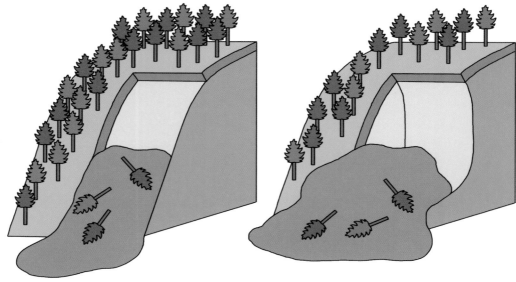

出所：資源エネルギー庁 Web サイトより筆者作成

もっと学ぶための参考文献・資料

●森林と災害（森林科学シリーズ 3）中村太士、菊沢喜八郎（編集）共立出版

解説2 近年の土砂災害の特徴

　近年の雨の降り方は、これまでに比べると、強くなる傾向がある。1時間50mm以上の雨の年間発生件数は、1976年からの10年と比較すると、2007年からの10年が全国平均で34％増えている。1時間50mm以上の雨は、ニュースや天気予報で「非常に激しい雨」と表現され、土砂災害の危険性も高くなる降雨を示す。このような雨により記録的な降雨が毎年のように、日本のどこかで観測されている。

　近年の土砂災害の特徴として流木による災害の顕在化がある（❹）。斜面崩壊や土石流の発生にともなって、崩壊地や土石流が流下する区間に生育する樹木を巻き込み、土砂とともに多量の流木が流出する。流木が山地の森林斜面から下流へ流出すると、橋脚に絡まることや、河道内に詰まることで、土砂や洪水流が河川周辺に広がり、洪水はん濫を助長することになる。このような流木による災害は古くから報告されているものの、平成29（2017）年7月の九州北部豪雨では、これまでで最大の流木流出が確認され、流木による被害が注目された。発生流木の長さや直径は、上流域の森林状態と密接に関連している。戦後に植林された人工林が成熟し、直径が太く、長い流木が発生する傾向が見られるようになり、発生流木材積（体積）も大きくなる傾向がある。

　また、伐採や木材搬出時のために作られた作業道や集材路は、路面の浸透能が低く表面流が発生しやすくなることや路面造成の土砂の切り盛りなどで斜面が不安定となり、斜面崩壊を引き起こすことがある。さらに、伐採された木の根は数年後には腐朽し、一定面積をすべて伐採する皆伐の場合、再造林がなされたとしても、新たな樹木が十分に成長するまでの約20年間は根による斜面の土砂を留める機能が低くなることがわかっている。土砂災害と森林の関係を考える場合、森林の成長や管理の長期的な視点が重要となる。

❹災害に及ぼす流木の影響

斜面で発生した崩壊と流木

流路内に滞留する流木

食卓と流通

資源問題

内水面漁業

つくり・育てる漁業

環境と生物多様性

多面的機能

漁業の未来

世界の林業と日本の暮らし

日本の森のあり方

持続的な森づくりと林業経営

シカ食害がもたらす災害

執筆：つる詳子

◎増えだしたシカとその影響

　私は熊本県南部の球磨川流域で長年、フィールドワークをしてきました。近年、シカの増加で山の環境は驚くほどに悪化しています。

　野生のシカは昔から肉や皮などの利用のために狩猟の対象でした。オオカミがいる時代は、自然界の弱肉強食のなか、数のバランスがとれていました。雨が多い熊本の森林は、すぐに草が生え、地面も見えないほどに植物で覆われるのが自然で健全な姿です。高さの違う木々や草で地表の空間も埋め尽くされます。

　しかし、1990年代頃、宮崎県との県境の山地でシカが増えはじめました。ブナ林は、林床の植物が消失、乾燥、衰弱し、現在は立ち枯れした場所も増えています（❶）。きっかけは、1970年代に始まった脊梁山地の伐採だと考えています。皆伐後の草地がシカの餌場となり、天然林にも影響を及ぼしながら、低地まで生息域を拡大させました。山間部の集落の消滅も増加の原因となりました。

❶脊梁山地のブナ林の昔（左：1990年頃）と現在（右：2022年）

昔は地面が植生で覆われて見えなかった。現在はシカの食害で下草がなくなり、ブナも枯れはじめている

人工林においても、林床の植物や植栽した木の芽をシカが食べ、下草も低木も生えない林となり、球磨川流域の森林の生物多様性は失われてきました。しかし、影響はそれだけに留まりませんでした。

◎シカの食害が大災害につながった

　草も低木もなくなった斜面は、繰り返す大雨で表土も流れ、樹木の根がむき出しになると、豪雨時には倒木も見られるようになりました。土石が雨の度にボロボロ崩れ、垂直だった切通しが段々崩れるのを至る所で見て、大雨が降れば一気に崩れる、そんな危機感をもったのは、2010年代になってです。そんな時に、令和2（2020）年の球磨川水害が起こったのです。

　災害後の山ではシカ食害に端を発したと思われる崩落が多く見られました。斜面から次々に落下する土石が雨で山道を流れ下り、次のカーブや谷で、路肩を壊し、大崩落のきっかけとなっています（❷）。また、皆伐の有無、人工林か天然林かを問わず、林床の植生がない斜面の土石が谷に次々に供給され、谷筋の間伐放置林や河畔人工林をなぎ倒しながら、下流に下りました。これが、流木の発生源になっています。シカ食害による国土の崩壊に、早急な対策が求められています。

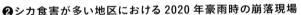

❷シカ食害が多い地区における2020年豪雨時の崩落現場

食卓と流通

資源問題

内水面漁業

つくり・育てる漁業

環境と生物多様性

多面的機能

漁業の未来

世界の林業と日本の暮らし

日本の森のあり方

持続的な森づくりと林業経営

7 海岸林の役割

海岸にマツが多いのはなぜ？

執筆：福田健二

❶三保の松原

撮影：東京大学・久保山京子博士

　皆さんは、「白砂青松」という言葉を聞いたことがありますか？　青々としたマツ林を背景とした白い砂浜は、日本各地で愛でられてきました。日本三景といわれる松島、天橋立、宮島はいずれも海岸のマツ林が重要な景観要素になっています。世界遺産に指定された静岡県の三保の松原（❶）も海岸マツ林です。海岸には、北海道〜東北地方のカシワ林や、関東〜西日本に多いタブノキやウバメガシなどの広葉樹林もありますが、マツ林がもっとも身近なものでしょう。本州〜九州の海岸林の多くはクロマツ林で、アカマツ林や沖縄のリュウキュウマツ林もあります。これらのマツ林は、潮風や貧栄養、乾燥といった厳しい環境に耐え、ほかの樹種が生育できない海岸砂丘や岩場に成立しています。海岸マツ林には天然林もありますが、人の手で植えられた人工林も多いのです。

海岸林、保安林、公益的機能、マツノザイセンチュウ

海岸マツ林の機能と歴史

❷飛砂に埋まる民家
山形県鶴岡市浜中集落南端部の景観：家屋は軒先の高さまで飛砂に埋まり、春には砂堀を掘って埋没を防いだ
出所：立石友男 (1989)『海岸砂丘の変貌』大明堂

　日本は地殻変動が活発で降水量も多いため山地の侵食が激しく、河川から海へと運ばれた大量の土砂は、潮流や風によって海岸に堆積して、砂丘や砂州、砂浜を形成します。砂は岩石が風化してばらばらになった鉱物の粒子です。植物の肥料となる窒素を含まず保水力にも乏しいので、砂丘に生育できる植物は限られます。植物が生育しない砂丘の砂は、風で容易に飛ばされるため、住宅や農地に砂が堆積する飛砂害が起きます。安部公房の小説「砂の女」のように、住宅が砂に呑み込まれてしまうこともしばしばありました（❷）。

　飛砂の被害を防ぐ最も効果的な方法は、砂丘上に森林を造成して海からの強風を遮ることです。海岸林には、地表を覆い飛砂の発生を抑える効果、風速を弱めて飛砂を林内に堆積させる効果、塩分を含んだ風による内陸の家屋や農作物への被害を防ぐ効果などがあります。そのため、海岸林は古くから人の手によって保護され、植林されてきました。

　万葉集にはマツの歌が76首もあります。史実としては、武田勝頼が北条攻めのために海岸マツ林を伐採したところ潮風害が発生したため、マツ苗を植えたという静岡県沼津市の「千本松原」が最も古い記録とされ（16世紀後半）、室町時代以降、全国各地で海岸林の植栽が行なわれてきました（❸）。なお、現在では山地の緑化やダム建設により河川からの土砂供給が少なくなり、飛砂害よりも砂浜の侵食が問題となっている場所も増えています。

❸海岸林の造成年代

■ 室町時代～江戸時代初期
● 江戸時代中期～後期
▲ 明治期以降

0　　200km

資料：日本緑化センター編 (2015)『松保護士の手引き (改定2版)』日本緑化センター、p22 の図4 を改訂して作成

調べてみよう

☐ **あなたの住んでいる地域に海岸マツ林があるか、調べてみよう。**

☐ **それらはいつ、だれが植えたものか、調べてみよう。**

☐ **あなたの住んでいる地域の保安林について調べてみよう。**

食卓と流通

資源問題

内水面漁業

つくり・育てる漁業

環境と生物多様性

多面的機能

漁業の未来

世界の林業と日本の暮らし

日本の森のあり方

持続的な森づくりと林業経営

解説 1 # 森林の公益的機能

　海岸林は、防風や飛砂防止だけでなく、台風時の高潮や地震に伴う津波などによる被害を軽減する働きもある。東日本大震災の津波はきわめて規模が大きかったため、岩手県や福島県では海岸林が根こそぎ流されてしまった場所が多くあったが、海岸林が瓦礫や漁船を捕捉して内陸への被害を防いだ例も各地で報告されている（❹）。海岸林には、防災だけでなく、日陰や養分供給によって魚を定着させる「魚つき林」としての機能や、船の航行目標としての機能もある。

　一方、山地の森林には、表土の侵食や斜面崩壊を抑制する国土保全機能や、降雨を一気に河川に流出させることなく土壌中に浸透させ少しずつ流出させる洪水防止機能・水源涵養機能があり、「緑のダム」と呼ばれる。平野部の森林にも、強風によって畑の土や作物が飛ばされないようにする防風林や、吹雪から鉄道を守る鉄道防雪林、水害を防止する河畔林などがあり、それらは地域特有の景観を作っている（❺）。こうした人の暮らしに役立つ森林の働きを「公益的機能」と言う。公益的機能の発揮が特に期待されている森林は、「保安林」に指定され（❻）、伐採や土地利用変更が制限されている。

　また、小規模な樹林や単木の樹木も暮らしに役立っている。強い季節風から民家を守る武蔵野の屋敷林のケヤキや出雲平野の築地松（クロマツを生垣状に仕立てたもの、❼）なども樹木の持つ防風機能を活かしたものであるし、街路樹にも緑陰形成、景観形成、大気汚染防止などの公益的機能がある。

❹津波によって運ばれた漁船や瓦礫を捕捉した海岸マツ林
撮影：森林総合研究所東北支所・中村克典博士

❺畑と防風林が織りなす景観（北海道旭川市）

❼出雲平野の築地松
出典：島根県観光連盟
https://www.kankou-shimane.com/destination/20678

❻全国の保安林面積

（令和3年3月31日現在）（林野庁資料）

保安林種別	面積（千ha）
水源かん養保安林	9,244
土砂流出防備保安林	2,610
土砂崩壊防備保安林	60
飛砂防備保安林	16
防風保安林	56
水害防備保安林	1
潮害防備保安林	14
干害防備保安林	126
防雪保安林	0
防霧保安林	62
なだれ防止保安林	19
落石防止保安林	3
防火保安林	0
魚つき保安林	60
航行目標保安林	1
保健保安林	704
風致保安林	28
合計*	12,245
全国森林面積に対する比率	48.9%
国土面積に対する比率	32.4%

＊複数の保安林種別に重複して指定されている森林があるため、種別面積の合計とは一致しない

もっと学ぶための参考文献・資料

- ●小田隆則 (2003)『海岸林をつくった人々』北斗出版 (http://jscf.jp/knowledge/oda.html)
- ●佐々木寧他 (2013)『津波と海岸林』共立出版
- ●日本緑化センター編 (2015)『松保護士の手引き（改訂 2 版）』日本緑化センター

解説 2　海岸林とマツ枯れ

　海岸林のクロマツや山地の尾根に多いアカマツなどのマツ類は、全国で「マツ枯れ」（別名「松くい虫被害」）による深刻な被害を受けている（**❽**）。マツ枯れは、マツノザイセンチュウという微生物（線虫）が感染することによるマツの病気（「材線虫病」）である。

　マツノザイセンチュウは北アメリカ原産で明治期に日本に侵入したと考えられ、1905 年に長崎県で初めての被害が発生している。日本のマツにはこの病原線虫に対する抵抗性が備わっていなかったために大被害となった。現在では東アジア各地やヨーロッパにも侵入し、世界的な大流行病となっている。

　マツノザイセンチュウに感染して枯れたマツには、マツノマダラカミキリなどのカミキリムシが産卵する。幼虫はマツの組織を食べ、蛹となって越冬する。翌年の春～初夏に線虫を体に付けたカミキリが羽化し、健全なマツの木の枝をかじることで感染が拡大する（**❾**、**❿**）。線虫が感染したマツの木は、幹の通水組織に障害が起きるため、葉に水が届かなくなり枯れてしまう。

　このマツ枯れの蔓延を防ぐ方法は、枯れたマツからカミキリが羽化する前に伐採し、焼却・燻蒸・チップ化などを行なう「伐倒駆除」、健全なマツの枝にあらかじめ殺虫剤を散布しておき、飛来したカミキリを殺虫する「予防散布」、マツの幹に線虫を殺す薬剤を注入して予防する「樹幹注入」の 3 がある。さらに、病気に抵抗性があるマツの育種も行なわれているが、予算や人手不足、マツ林所有者の無関心などのため防除されないマツ林も多く、沈静化には至っていない。海岸林など保全上重要なマツ林を守るためには、マツ枯れに対する市民の理解と協力が欠かせない。

❾ マツの組織内に感染したマツノザイセンチュウ

❽海岸マツ林に蔓延するマツ枯れ（森林総合研究所東北支所中村克典博士撮影）

❿マツの枝をかじるマツノマダラカミキリ（森林総合研究所東北支所中村克典博士撮影）

食卓と流通

資源問題

内水面漁業

つくり・育てる漁業

環境と生物多様性

多面的機能

漁業の未来

世界の林業と日本の暮らし

日本の森のあり方

持続的な森づくりと林業経営

川沿いの樹林帯は何のため？

執筆：長尾朋子

◎「災害文化」としての水害防備林

　川沿いの樹木である河畔林は、生物多様性を維持して環境保全する重要な役割があります。同時に、洪水が多い日本では水害防備のために昔から川沿いに森を作ってきました。普通の樹林帯にしか見えませんが、洪水流の勢いを弱め、上流から運搬される堆積物が集落や耕地に流入しないように濾過する機能があります。

　竹を地植えのまま上部を編み込んでつくられた京都の桂離宮（❶）をはじめ、吉野川や四万十川、宮崎県北川（❷）、久慈川など全国の河川中流域にみられます。この水害防備林の集落側には、堤が二重三重に平行にずらしながら重ねられています。相対的に被害の少ないところに切れ間を配置した不連続な堤防「霞堤」を築き、洪水時にはこの切れ間から洪水流を逆流させて遊水地としていました。また上流が破堤した際はこの霞堤から氾濫水を川に戻すなど、その川の洪水の特性に合わせて維持管理されてきました。水害防備林と霞堤の組み合わせは、現代技術を駆使しても水害を防ぐことが地形的に難しい流域の氾濫を許容する伝統的な工法です。減災効果が認められており、地域住民の認識と行動が反映した災害文化が河畔林として景観にあらわれた事例の１つです。

❶桂離宮水害防備林

❷宮崎県北川水害防備林と沈下橋

◎「流域治水」対策と水害防備林

　近年の気候変動による洪水多発のため、2021年流域治水関連法で河川整備方針が転換されました。社会経済被害の最小化を目指す「流域治水」対策として、この伝統的な霞堤が再評価されています。しかし一方で、洪水時の流下能力をより高め、流木となる危険性を避けるためとして、セットのはずの水害防備林が国によって伐採されたケースが報告されています。実際には、管理されてきた水害防備林は流失による被害より防備機能が優っています。水害防備林は、洪水時には大量の洪水堆積物を捕捉して集落を防御し（❸）、また堤防を破壊する洪水流を弱めています。また、洪水堆積物の分析により、樹林帯が氾濫水に含まれている細砂さえをも濾過し堆積させる機能をもち、耕地や住居への土砂流入を防ぐことがわかってきました。

　大きな問題は、管理してきた地域住民の高齢化がすすんでいることです。行政による負担軽減の調整をはじめ流域全体の意識を改革しなければ維持が難しくなっています。しかし、行政主体による復興（公助）が重視され、地域住民が共に災害時に助け合う（共助）という意識が低くなった現代では、水害防備林の存在は、地域住民の災害意識を長いスケールで維持できうることに意義があります。現代における持続可能なシステムとして再評価できるのではないでしょうか。川沿いの樹木にこめられた先人の知恵に想いを巡らせてみましょう。

❸ 2019年東日本台風で濾過機能が働いた茨城県久慈川の水害防備林

防備林によってとめられた洪水堆積物

洪水流が直撃した場ではタケがしなり、防御する

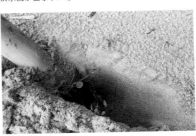

防備林内部は濾過されて細砂が堆積

食卓と流通

資源問題

内水面漁業

つくり・育てる漁業

環境と生物多様性

多面的機能

漁業の未来

世界の林業と日本の暮らし

日本の森のあり方

持続的な森づくりと林業経営

豊かな森が豊かな海を育む？

執筆：山下 洋

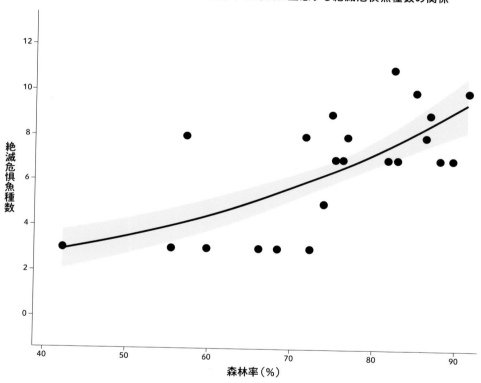

❶全国 22 の一級河川流域の森林率と河口に生息する絶滅危惧魚種数の関係

　日本は海に囲まれた森の国です。山や森、人が暮らす街や里、そして海が比較的狭い距離でつながっているので、「豊かな森が豊かな海を育む」ことについて直感的に納得する人が多いのではないでしょうか。日本では、豊かな海を守るために地方自治体、漁師さん、市民が共同で植樹を進めています。ところが、つい最近まで、「豊かな森が豊かな海を育む」ことを示す科学的な証拠はほとんどありませんでした。2022 年に発表された論文で、はじめて森林が河口域の生態系の保全に寄与していることが報告されました（❶）。

森から海までのつながり

　森と海の間には多くの人が暮らし、農地、商工業地、住宅地などとして利用されており、このような人間活動の影響を受けて森から海までのつながりは非常に複雑です。そのために、森と海の関係を調べることは大変難しい課題でした。ところが、最近開発された環境DNA分析という手法を用いて、河口域に生息する絶滅危惧魚種の種類数と、その川の流域の森林面積の割合との関係が全国規模で調べられ、森林の多い川ほど河口域に多くの絶滅危惧種が生息していることがわかりました。すなわち、河口域の環境と生態系の保全に森林が何らかの役割を果たしていることが示されました。

　そこで、森と海をつなぐメカニズムについて考えてみましょう。森から海までのつながりの中で最も重要な要素のひとつが水の循環です。地上に降った雨は河川水や地下水として海に流出し、水とともに陸上から多くの物質が海へ運ばれます。植物プランクトンの栄養となる窒素やリン、陸上の動植物や人の生活に由来する有機物、砂泥や石といった無機物、農薬のような化学物質などです。森の木や草は栄養を使って生長しなければなりませんので、森は窒素やリンをできるだけ森の中に保持する仕組みをもっています。一方、川沿いの渓畔林からは木の葉などが川に流れ込み、分解されながら海まで運ばれて、その栄養が海の生物生産に使われます。また、河口域の生態系に大きなダメージを与える洪水や渇水を緩和する保水力や、川や沿岸の生態系に悪影響を与える微細な泥の排出を抑制するなどの森の機能も注目されています。森林面積が広いということは、農地や市街地が相対的に少なく、河口や海の生態系を撹乱する人間活動の影響が小さくなると考えられます。

食卓と流通

資源問題

内水面漁業

つくり・育てる漁業

環境と生物多様性

多面的機能

漁業の未来

世界の林業と日本の暮らし

日本の森のあり方

持続的な森づくりと林業経営

調べてみよう

- ☐ 環境DNAとはどのようなものだろうか。
- ☐ 近所の川の様子を観察してみよう。
  水の色や濁り、自然の岸辺と護岸、岸や川の中に植物があるか、
  川底が泥で覆われていないか。
- ☐ 川底にたまった木の葉を食べるカニやヨコエビ、
  水生昆虫を探してみよう。

「魚つき林」を作ってきた日本人

　日本は、海に囲まれた細長い国土を中央の山地・山脈が2分するという地理的な特徴をもつことから、「豊かな森が豊かな海を育む」ことを直感的に受け入れる人は多い。また、昔から沿岸の漁業資源を守るために「魚つき林」が整備され、「森は海の恋人」のようなキャッチフレーズが浸透するなど、森と海の関係について、歴史的、社会的な認識の広がりがある（❷）。

　最近は、豊かな海を守ることを目的として、地方自治体、漁民、市民などによる森林の植樹活動も進められている。森林と都市の間で人が管理する林、周辺の農地、ため池などにより構成される地域は「里山」とよばれ、人と自然が持続的に共生するモデルと考えられている。沿岸域においても同様に、「きれいで、豊かで、賑わいのある、持続可能な沿岸海域」として里海という概念が認知されつつある。

　しかし、森と海の関係に関する科学的な知見はごく限られており、海のための森づくりは、古くからの文化や人々の経験と感覚を根拠として行なわれてきた。

❷森は海の恋人植樹祭

森と海との関係を科学的に探る

　森と海の間には人が活動する都市を含む里域が存在し、多くの要因が複雑に作用しており、広域的あるいは一般的な関係を導くことはほとんど不可能であった。水生生物研究のサイドから見ると、網などによる生物調査には多大な時間と労力が必要で、しかも採集効率が低いという重大な問題があった。ところが近年、水中に溶け込んでいる DNA 断片を分析して、そこに生息する生物の種を同定できる「環境 DNA 分析」という技術が急速に発展した。現場でバケツ1杯の水を採水するだけという調査の簡便さにより、短期間に全国調査を行なうことが可能となった。この手法を取り入れて全国22の一級河川の河口域で生息魚種組成を調べた研究では、環境省レッドリスト種49種を含む186種の魚類が確認された。河口域の魚種組成と各河川の環境、流域の土地利用、人口密度を含む人間活動デー

もっと学ぶための参考文献・資料

●京都大学フィールド科学教育研究センター（2019 ～）【連載】森里海連環学入門―森里海のつながりをひもとく
https://fserc.kyoto-u.ac.jp/wp/cohho_study
●宇野木早苗（2015）『森川海の水系』恒星社厚生閣
●柳哲雄編著（2019）『里海管理論』農林統計協会

食卓と流通

資源問題

内水面漁業

つくり・育てる漁業

環境と生物多様性

多面的機能

漁業の未来

世界の林業と日本の暮らし

日本の森のあり方

持続的な森づくりと林業経営

タなど 20 項目との関係を解析したところ、全出現種数との間に関係性は見られなかったが、レッドリスト種数と流域の森林面積率に正の相関が認められた。すなわち、森林の多い川ほど河口域に多くの絶滅危惧種が生息していることが示された。

　このような結果が得られたメカニズムを考えてみたい。森から海までをつなぐ最も重要な要素のひとつが水循環である。地上に降った雨は河川水や地下水として海に流出し、水とともに他の多くの物質が海へ運ばれる。植物プランクトンなどの栄養となる窒素やリン（栄養塩）、陸上の動植物の遺骸や人の生活に由来する有機物、砂泥や石といった無機物、農薬や工場から排出される化学物質などである。これらの物質の中で、社会的には森から出る栄養の効果が広く認知されていることから、まず森の栄養について考えたい。森の草木は栄養分を使って生長するので、森は栄養を森の外にできるだけ出さない仕組みを持つとされる。一方、川沿いの渓畔林からは木の葉などが川に流れ込み、蛇行して瀬と淵で構成されている川では、河床にたまった有機物は水生昆虫や甲殻類などに食べられて無機化され、栄養塩が海に運ばれる。すなわち、森の栄養が沿岸域の生物生産に貢献していることは確かだ。ところが、現代の川の多くはコンクリートで護岸され直線化されており、有機物は短時間に海まで運ばれて河口や湾奥に堆積する。海には、木の葉を消化できる動物が少ないために、これらの有機物はバクテリアに分解され、その際に酸素が消費されて沿岸域の貧酸素化の原因となることもある。人が自然に手を加えることで、森と海の関係が大きく変化する一例である。栄養に加えて、河口域の生態系に大きなダメージを与える洪水や渇水を緩和する森の保水力や、川や海の生態系に悪影響を与える微細粒子（シルト・クレイ）の排出を抑制する機能なども重要である（❸）。また、森林面積が広いということは、農地や市街地が相対的に少なく、河口や海の生態系を攪乱する人間活動の影響も小さくなると考えられる。レッドリスト種は、もともと生存能力が低く環境改変の影響を受けやすいので、森林率に代表される環境の健全性に敏感に反応していることが推察された。

　生態系の構造は非常に複雑なので、単純な要素だけで説明することはできない。里山や里海、あるいは流域、さらには地球というシステム全体の中で、人と自然の共生を考える必要がある。

❸左は由良川上流の河床とカジカ、右は中流の河床にたまった泥（微細粒子）とカマツカ（益田玲爾氏撮影）

さまざまな役割を果たす 森林と木材生産

森は伐るべき？ 伐らずに保護すべき？

執筆：伊藤 哲

❶さまざまな自然攪乱の様子と、人為攪乱の典型である森林伐採

台風

斜面崩壊と土石流

伐採

山火事

火山活動

インドネシアの山火事跡　写真提供：藤原敬大

2014年御嶽山噴火　写真提供：林野庁 中部森林管理局

　人間が木材を利用するために森を伐って（破壊して）しまうと、いろいろな生き物の棲み場所が失われてしまいそうです。水を貯える「緑のダム」や、地球温暖化ガスである二酸化炭素の吸収といった、森の重要な役割が果たせなくなるのも心配です。

　たしかに森を「全て」伐ってしまうと、人間を含めたさまざまな生き物にとって都合の悪いことが起きるかもしれません。でも実は、人間が森を破壊しなくても、森は台風や山火事などの自然の要因で部分的に破壊され、自然の力で再生するという動きを繰り返しています（❶）。つまり、自然の森の動きのバランスを壊さない範囲であれば、私たち人間は、森を伐って生活に利用し続けることができるのです。

攪乱、生物多様性、生態系サービス、レジリエンス

攪乱と再生のバランスを維持する持続的森林管理

　生態系が破壊される現象を「攪乱」とよびます。自然界における攪乱の起き方は、その広さ（面積）、強さ（たとえば、枝が折れるのか、根っこごとひっくり返るのかなど）、発生頻度（一定期間に起きる回数）がさまざまですが、再生に時間がかかるような広くて強い攪乱（たとえば溶岩で埋め尽くされる攪乱）ほど、発生頻度が低いことが知られています。つまり自然の攪乱は、生態系が再生するのに十分な時間をおいて発生することが多いのです。

　しかし、人間による森林伐採などの攪乱は、必ずしもこのような自然のルールに沿っていないため、伐採面積が大き過ぎたり、短い間隔で次の攪乱を起こしてしまったりすると、生態系が十分に再生することができず、森の役割が発揮できなくなってしまいます。たとえば、雨水を蓄える役割が大きな森を伐り過ぎてしまうと、水が枯れたり洪水が起きたりしますし、急な斜面で森を伐り過ぎると土砂災害が発生します。

　人間が地球上で生きていく上で、木材の利用は避けられません。むしろ、木材は石油などの化石燃料と違い「再生可能な資源」です。その木材を賢く使い続けていくことが、地球環境を守ることにつながります。

　❷は、カンボジアで地域の人々が薪を利用するために森を伐採した跡です。大事なことは、この写真を見て、単に伐るのが良いか悪いかを考えるのではなく、この土地の森ならどのくらいまで伐ってよいのか、どのような伐り方をすれば森がちゃんと再生して、次の世代の子供たちも今と同じように森を利用し続けられるのかを、科学的に考えていくことが求められます。

❷薪利用による森林伐採跡（カンボジア）

調べてみよう

- [ ] **森林を伐採すると、どんな生き物が増えて、どんな生き物が減るだろうか。**
- [ ] **混んだ暗い人工林と、よく手入れされた明るい人工林で、生き物を比べてみよう。**

食卓と流通

資源問題

内水面漁業

つくり・育てる漁業

環境と生物多様性

多面的機能

漁業の未来

世界の林業と日本の暮らし

日本の森のあり方

持続的な森づくりと林業経営

解説 1

森林の多面的機能の発揮と森林ゾーニング
── 期待される機能、発揮できる機能はどの森林でも同じか？

　日本学術会議は森林の多面的機能を（1）生物多様性保全、（2）地球環境保全、（3）土砂災害防止／土壌保全、（4）水源涵養、（5）快適環境形成、（6）保健・レクリエーション、（7）文化、（8）物質生産の8機能に分類している。（1）〜（7）は地球環境や人間の生活環境の保全に関する機能であり、公益的機能とも呼ばれてきた。木材生産は（8）物質生産機能に相当するが、樹木を伐採し生態系外に取り出すため、（1）〜（7）の環境保全機能を損なう可能性がある。実際に、戦後の日本では、短期的な生産効率を重視して単純な構造の（多様性の低い）人工林が大規模に造成され、これが環境保全機能の劣化につながった。今後はこれらの機能を損なわない範囲での木材利用が「持続的森林管理」の必須要件となる。

　多面的機能と類似した用語に「生態系サービス」がある。国連ミレニアム生態系評価では、生態系サービスを4つに分類している。上述の木材生産機能は①供給サービス（生態系が生産する食糧などの供給）に含まれ、環境保全機能は②調整サービス（生態系によって得られる気候調節などの利益）、③文化サービス（文化の源など非物質的な利益）、④基盤サービス（土壌形成や栄養塩類等の循環など）のいずれかに相当する。ただし、生態系サービスの概念は階層的であり、生物多様性は①〜④のサービスが発揮される根源として位置づけられている（❸）。

　そもそも、すべての土地が林業に適しているわけではない。林業には、樹木の成長が良いこと（土地の生産力が高いこと）に加え、風倒被害や斜面崩壊などが起きにくいことが求められるので、持続的に林業を行なうには、まず林業に適した土地を選ぶ必要がある。このように管理目的に合わせた土地の区分を「森林ゾーニング」とよぶ。林業に適さない土地での生産活動を回避することで、（3）土砂災害防止／土壌保全や（4）水源涵養などの機能はある程度保証される。一方、林業に適した場所であっても、そこが希少な生物の生育場所や貴重な自然林であれば、木材生産ではなく（1）生物多様性保全を重視した管理方策がとられるべきである。このように、多面的機能の発揮には適切なゾーニングが必要である。

❸森林の多面的機能と
　生態系サービスの関係

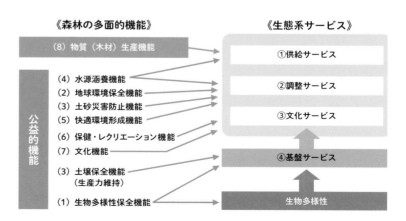

もっと学ぶための参考文献・資料
● 日本森林学会編（2021）『森林学の百科事典（7. 森林の育成）』丸善出版
● 日本景観生態学会編（2022）『景観生態学（第6章　森林の景観生態）』共立出版
● 柿澤宏昭・山浦悠一・栗山浩一編（2028）『保持林業　木を伐りながら生き物を守る』築地書館

食卓と流通

資源問題

内水面漁業

つくり・育てる漁業

環境と生物多様性

多面的機能

漁業の未来

世界の林業と日本の暮らし

日本の森のあり方

持続的な森づくりと林業経営

解説2
多機能発揮を目指した多様な森づくり

　環境保全と生産活動（＝林業）のバランスをとる方法として、土地の「節約」と「共用」という二つの考え方が提唱されている。「節約」とは、木材生産のための土地を「節約」して、環境保全機能を発揮させるのに使う考え方であり、一部の土地での自然林再生や保護区の設定などのゾーニングがこれにあたる。「共用」とは、木材生産とそれ以外の目的とで一つの土地を共用する考え方である。収穫の対象となる樹木だけの畑のような森を作るのではなく、他の生き物も共存できる多様な森を作ることで、一つの土地で木材生産と環境保全の両方を発揮させる。たとえば、伐る面積を小さくして自然に少し近づける方法（小面積伐採）や、伐る頻度を低くして森林状態を長く維持する方法（長伐期化）、収穫対象以外の樹木も混じった森林に誘導する方法（混交林化）などがある（❹）。いずれも、森林の伐り方をこれまでとは変えるところが重要な点であり、これによって生物多様性の回復も期待できる。近年は、森林のすべてを伐らず一部の樹木を残して、森林の生物多様性を保持し続ける「保持林業（Retention forestry）」も、世界中で注目されている。

　森林ゾーニングによる土地の「節約」は、生物多様性の保全や多面的機能の発揮に有効ではあるが、実際は社会的に難しい場合もあり、また保護区の設定にも限界がある。こうした制約の中で、「共用」による多面的機能と木材生産の両立は現実的な手段の一つと期待される。また、「共用」のために適切に管理された人工林は、生物多様性保全策の一つとして提唱されている OECM（Other effective area-based conservation measure：保護区以外の効果的な地域を活用した保全策）の重要な対象となりうる。

　一方、「節約」も「共用」も林業経営の面からは収益の減少やコストの増加につながる。これを実践して持続的な森林管理を実現するためには、林業上の減益を社会的に補填するための制度の整備に加え、その多様な森づくりが真に多面的機能や生物多様性に貢献できているかの科学的検証も必要である。

❹「共用」の考え方に基づく森林管理

小面積伐採

長伐期化

混交林化

10　林業の歴史

いま見る森林は、昔からの姿でしょうか？

執筆：三木敦朗

❶日本における国土利用の変遷

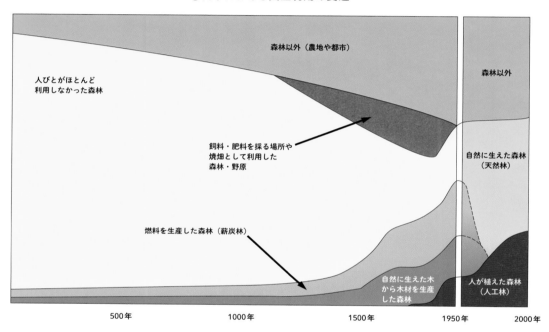

森林以外（農地や都市）

人びとがほとんど
利用しなかった森林

森林以外

飼料・肥料を採る場所や
焼畑として利用した
森林・野原

自然に生えた森林
（天然林）

燃料を生産した森林（薪炭林）

自然に生えた木
から木材を生産
した森林

人が植えた森林
（人工林）

500年　　　1000年　　　1500年　　1950年　　2000年

出典：依光良三（1999）『森と環境の世紀』日本経済評論社、121ページを一部改変

　日本の山々は、森林でおおわれています。でも、100年ほど前はこのような姿では
ありませんでした。里山は、低い背たけの樹木がまばらに生え、草原も多い場所だっ
たのです（❶）。

　いま私たちは、海外から輸入した木材や、石油などの化石資源に依存して生活して
います。このような生活になったのは20世紀（とくにその後半）からです。これによっ
て、身近な森林の利用は、どのように変化したでしょうか。人々は、20世紀後半に苦
労して多くの森林を植え育てました。一方で、森林が近くにあるのに、私たちは森林
とほとんど関係のない生活をしています。なぜでしょうか。

攪乱、生物多様性、生態系サービス、レジリエンス

木材生産だけではない林業

　人々は、化石資源がなかった19世紀以前は、国内の森林資源に頼っていました。里山（森林と草原）で、木材のほか、燃料や牛馬の飼料、肥料などさまざまなものを得ていたのです。農民は里山を共同利用していましたが、使いすぎると草木が再生できなくなるため、自分たちで厳しいルールを定めていました。このような努力があっても、里山は使われすぎて（過剰利用）、しばしば山崩れや洪水の原因になりました。

　また、城や都の建設のために多くの森林を伐採しましたし（❷）、そこで使われる鉄や瓦、塩、木炭をつくるためにも大量の森林が必要でした。近代になってからも、植民地支配や戦争の際に国内外の森林を破壊したことがあります。

　20世紀前半から中頃にかけて、石油や電気、化学肥料が普及していきます。すると森林の利用目的は木材生産だけが残り、木材に適するスギやヒノキなどが植えられていきました。20世紀後半になると山は森林でおおわれます。しかし1970年代以降、木材が大量に輸入されるようになると、森林で仕事をする人は減り、森林は多くの人々にとって関わりの薄い土地になっていきました（過小利用）。住宅地や観光施設などに開発されたところもあります。

　一方、1990年代以降には、世界中からほしいままに木材を輸入したり、化石燃料を消費しつづけるのでは未来がないことが明らかになりました。最近では国内の森林を、木材の生産はもちろん、薪やアロマオイルなどを生産する場、レクリエーションの場として、再びさまざまに利用する時代になってきています。

　国内の森林を多くの人々がかしこく利用しながら、利用しすぎないようにもする、新しい地域の森林のルールが必要です。あなたはそれを決めることができます。

❷寺社などの大きな建物の木材を得た範囲

■ 西暦800年までの伐採圏
■ 1550年までの伐採圏
■ 1700年までの伐採圏

出典：コンラッド・タットマン（1998）『日本人はどのように森をつくってきたのか』築地書館、18ページを一部改変

調べてみよう

☐ 身近な森林は、19世紀まではどのように利用されていたでしょうか。図書館に置いてある地誌（市町村誌）で調べてみましょう。

☐ 身近な森林をうまく利用するために、どのようなルールがあればよいでしょうか。みんなで話し合ってみましょう。

食卓と流通

資源問題

内水面漁業

つくり・育てる漁業

環境と生物多様性

多面的機能

漁業の未来

世界の林業と日本の暮らし

日本の森のあり方

持続的な森づくりと林業経営

解説 1

森林は誰が所有しているか

　農民たちがルールを定めて共同的に利用していた里山を「入会林野」（コモンズ）という。

　入会林野の所有は資本主義経済の発達にともなって変化した。地租改正の際に森林の法的な「所有者」が確定され、農民の共同体（むら）のルールに代わって、法律上の所有者が森林の利用方法や売却を決めていくようになった（近代的土地所有）。現在の森林の所有区分が国有林とそれ以外（民有林）で分けられ、後者に私有林だけでなく、都道府県や市町村の所有する公有林が含まれるのも、この名残である。共同体は所有者になれなかったので、入会林野は現在では財産区などの公有林や、入会権者で設立した法人（生産森林組合など）の所有林となっていることが多い（❸）。各戸に分割したところもあった。森林を所有する世帯を「林家」という。もともとは多くは地域に住む農家であったが、離村や相続によって不在地主化する人が増えると、地域の森林管理にも影響を及ぼす。農地や宅地に比べて広大な森林では、精度の高い測量がすすんでおらず、公的図面だけでは所有林の境界が分からないこともある。一方で、森林の管理や利用を積極的に行なう所有者もあり、「林家の森林への関心は低い」と一律にイメージすることは誤りである。

　なお、一部の地域では、近世以前から大規模林家が存在したところがある。たたら製鉄や酒造に関するもの、領主や土豪を起源とするものなどさまざまである。林家以外の私有林所有者としては、共同所有のもの、企業・組合や寺社などの法人所有のものなどがある。

❸日本の森林所有者（%）

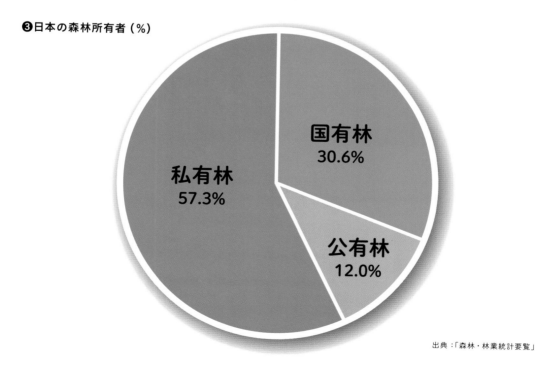

国有林
30.6%

私有林
57.3%

公有林
12.0%

出典：「森林・林業統計要覧」

もっと学ぶための参考文献・資料

●三俣学・齋藤暖生（2022）『森の経済学』日本評論社
●齋藤暖生（2021）「アイヌ共用林は「アイヌの森」復権の決め手となるか」『季刊現代の理論』25号
　http://gendainoriron.jp/vol.25/rostrum/saitoh.php
●伊那市ミドリナ委員会（2022）『ミドリナ白書　森と暮らしの手引き』　https://midorina.jp/

解説 2　森林と地域の人々の関係性を取り戻すために

　日本の森林の約3割は国有林である。国有林は誰の森林だろうか。国有林野法は、国有林は①森林の公益的機能の維持増進、②林産物の持続的・計画的な供給、③地域の産業振興と住民の福祉向上のためにあると定めている。ホームページなどでも「国民の森林」を謳う。しかし国民・地域住民が、国有林の利用・管理方法の決定に関与できる機会はほとんどない。また、国有林は「国民」全体の森だと簡単に言い表していいだろうか。国有林の半分は北海道に存在するが、これはもともとアイヌ民族の森林ではないだろうか。

　国連「小農の権利宣言」（小農と農村で働く人びとの権利に関する国連宣言、2018年）は、先住民族や地域の人々には、生活のために地域の自然資源にアクセスし、その管理に参加する権利があるという（5条・10条）。森林は、法律上の所有者だけのものではないのである。

　一方で、たとえば政府が木材生産をさせたいから、森林所有者の考えを無視して生産させるとか、そうせざるをえなくするというようなことはいけない。森林はそれを育て維持してきた人のものであると同時に、地域に公益的機能をもたらすものでもある。したがって、森林をどのように利用・管理していくかは、地域での合意形成（納得の形成）のもとに決められていく必要がある。

　ところが、森林と地域の人々の関係性が薄れてしまった場合には、これは容易ではない。舞台の書き割り背景のような森林というイメージしかないと、合意形成は形式的なものになってしまう。そこで、まず人々の森林へのアクセスを高める必要があることが指摘されている。

　農山村の若い世代や、移住してきた人々には、森林を生活の中にとりいれたいと考える人がいる。野放図な利用ではなく、地域のルールに則ることや責任を負うこと、森林を育てた人に敬意を表することが当然だとも考えている。しかし、どこの森林に入ってよいのかがわからないので利用できない。これは地域にとってもマイナスである。利用できる森林があることが人々を惹きつけ、地域の活力につながるからだ（❹）。

　そこで地域ごとに、森林のどの場所に入れるのか、どのような利用ができるのかを、所有者と住民のあいだで合意し、新たなコモンズを作っていくとよいだろう。学校や公民館といった、地域全体のものだと認識できるもののために、森林をどう活用するかを考えることが出発点になるはずだ。

❹森林の中でのレクリエーション（長野県伊那市）
出典：伊那市ミドリナ委員会

食卓と流通

資源問題

内水面漁業

つくり・育てる漁業

環境と生物多様性

多面的機能

漁業の未来

世界の林業と日本の暮らし

日本の森のあり方

持続的な森づくりと林業経営

11 林業経営と森林政策

だれが木材を伐採していますか?

執筆：佐藤宣子

❶素材生産の担い手タイプ別特徴

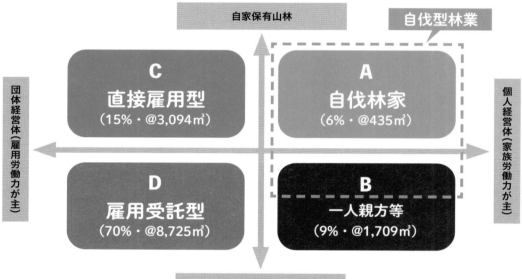

自家保有山林

自伐型林業

	自家保有山林	
団体経営体（雇用労働力が主）	**C** 直接雇用型（15%・@3,094㎡）	**A** 自伐林家（6%・@435㎡）	個人経営体（家族労働力が主）
	D 雇用受託型（70%・@8,725㎡）	**B** 一人親方等（9%・@1,709㎡）	
	他者山林の受託または立木購入	

資料：「2020年世界農林業センサス結果」より作成　注：比率は素材生産量に占める生産の割合、@は経営体あたり年間素材生産量を示す

　日本には林業に就業している人が約6万人います。主に伐採の作業を行なう人、主に植林とその後の保育の作業を行なう人、その両方の作業を行なう人に分けることができます。伐採では団体林業経営体といわれる会社や森林組合が林業従事者を雇用し、大きな機械を用いて生産し、その割合が増しています。一方で、家族やグループで小さな機械を用いて、所有している山林や地域の森林を伐採している場合もあり、4つのタイプに分けることができます（❶）。

　近年、戦後1950〜70年代に植えた木材が利用できる段階になり、一定面積全てを伐採する皆伐が増加しています。伐採後に再び植林をすすめるために、伐採と植林の両方の作業ができる担い手の育成や経営体間の連携が政策的にすすめられています。

林業経営、森林管理、間伐、主伐、皆伐、森林組合

木材を伐採する4つの林業経営のタイプ

　木材を伐採して丸太を生産することを素材生産といいます。農林業の実態を把握するために政府が5年に1度実施している農林業センサスという統計でその現状を把握することができます。素材生産を行なう林業経営体は2つの軸で4つに区分することができます。最初の軸は、主に家族や仲間を中心とした「個人経営体」か、主に雇用した人が生産に従事している「団体経営体」かです。団体経営体には、民間の林業会社や森林所有者が出資して設立した森林組合が含まれます。2つ目の軸は、伐採する立木^{りゅうぼく}を所有している人が自ら素材生産をするのか、他の人が所有する立木を伐採するのかです。他の人の木を伐採する場合は、所有者から伐採の依頼をうける（受託）場合と、立木を購入して伐採する場合があります。

　4つのタイプを比較すると、他者の立木を伐採する雇用受託型の団体経営体（❶のD）が素材生産全体の70％を生産しており、以前の統計調査時よりも比重が増しています。しかし、家族での経営が多い個人経営体（AやB）は1経営体あたりの規模は小さいものの、数では4千経営体近くあります。DはAに比べて年間生産量が約20倍の生産規模であり、使っている林業機械も異なります。Aが間伐中心、Dは近年、主伐の割合を高めている点も異なっています。

　日本は地形や地質が複雑であり、大規模経営だけで森林を管理するのは難しいのが現状です。多様性のある森林にするためには、林業を担う経営体の多様性も必要です。❷は、近所の高齢の森林所有者から依頼され、小規模機械を使って森を育てるための間伐をする宮崎聖さん（42歳）です。こうした小規模な林業経営が継承できるような仕組みが求められます。

❷間伐材を搬出する高知県四万十市の自伐型林業者・宮崎 聖さん（42歳）

── 調べてみよう ──

- [ ] **あなたの身近にある森林は過去に伐採されたことがあるだろうか？**
- [ ] **都道府県の林業統計であなたが住む都道府県の素材生産量と間伐面積を調べてみよう。**
- [ ] **農林業センサスは何を調べているかをHPで確認してみよう。**

食卓と流通

資源問題

内水面漁業

つくり・育てる漁業

環境と生物多様性

多面的機能

漁業の未来

世界の林業と日本の暮らし

日本の森のあり方

持続的な森づくりと林業経営

林業の施業とわが国の林業経営の課題

　林業経営は、伐採して木材を生産するだけではなく、長期間育てる作業（保育）が重要である。とくに、人工林では、植林後の下刈りとツル切り作業が、目的の樹木を育てるために不可欠である。日本の夏は雨が多く暑いため、草の繁茂が旺盛で、下刈り作業は過酷な労働である。この植林後10年間の費用の大きさが、わが国の林業経営にとって大きな課題である。

　下刈り後に必要となる作業が除伐と間伐である。不良木を除去し樹木の密度を徐々に減らしていく。間伐材を販売できたら中間的な収入にもなる。節のない真っ直ぐな木材を育てるために枝打ちをする場合もある。間伐と枝打ちは林床に光をあてて下層植生を豊かにし、土砂流出の防止や生物多様性保全といった効果もある。樹木密度のコントロールによって、年輪幅が一定で通直な形質の材を生産でき、木材の価格にも影響する。しかし近年、年輪幅が揃った木の需要が減って、バイオマス材など量を求める需要が増加している。丁寧な施業が収入のアップに繋がりにくい状況は、森林所有者の意欲の低下を招いている。

　主伐は最終的な木材収穫であり、次の世代の樹木を更新させる必要がある。日本では主伐の多くは、一定面積の樹木を全て伐採する皆伐である。しかし、伐採した収益で次世代の森を育てる費用をカバーできないため、皆伐後に再造林される面積割合は全国的に3割程度にとどまっている。そのため、伐採と植林の両方の作業を低コストで実施できる林業経営体の育成が政策的に進められている。他方で、皆伐ではなく間伐を繰り返す長伐期施業を選択する森林所有者もいる。

　❸は自家保有山林と受託山林に分けて、施業の実施面積を経営形態別に示している。主伐は民間事業体、植林、下刈り、間伐は森林組合による実施が主体である。しかし、自家保有山林での育林の場合は、個人経営体やその他による実施面積の割合が高い傾向にある。

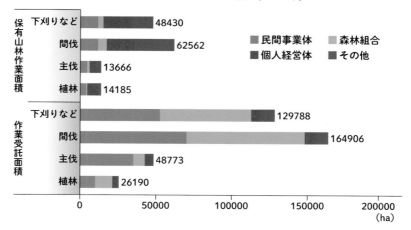

❸経営形態別の作業別面積（2020年）

凡例：■民間事業体　■森林組合　■個人経営体　■その他

保有山林作業面積
- 下刈りなど　48430
- 間伐　62562
- 主伐　13666
- 植林　14185

作業受託面積
- 下刈りなど　129788
- 間伐　164906
- 主伐　48773
- 植林　26190

（横軸：0　50000　100000　150000　200000（ha））

資料：林野庁「令和3年度　森林・林業白書」97ページの図から作成（元資料は「2020年世界農林業センサス結果」）

もっと学ぶための参考文献・資料

● 関岡東生（2016）『図解知識ゼロからの林業入門』家の光協会
● 赤堀楠雄（2017）『林ヲ営ム：木の価値を高める技術と経営』農山漁村文化協会
● e-Gov 法令検索（https://elaws.e-gov.go.jp/）森林法、森林・林業基本法、森林経営管理法

森林政策の流れと「林業経営」

森林は、多くの法律や制度によって規制や支援がなされている（❹）。

　明治維新後、初めてできた森林関連の法律は 1897（明治 30）年制定の第 1 次森林法である。全国各地にハゲ山が広がり、洪水や土砂災害が多発した当時、水源確保や土砂災害防止に重要な森林の伐採を制限する保安林制度が設けられた。保安林は現在も森林利用を規制する政策手段である（118 ページ）。

　戦後になると、森林法に森林計画制度が加えられ（第 3 次森林法）、林業基本法が 1964 年に制定された。荒廃した山林の緑化と急増する木材需要に応えるために、造林補助金などの経済的支援政策が重視されるようになった。当時、林業経営とは、人工造林の担い手を指していた。特に、森林所有者の協同組合である森林組合が担い手として重視された。

　1980 年以降になると環境保全への国民の意識が高まった。木材自給率の低下と木材価格が低迷する中で、森林の多面的な機能の発揮を基本目標とした森林・林業基本法が 2001 年に制定された。基本目標の実現のために林業発展が必要という位置づけがなされ、当時課題であった間伐を、小規模な私有林をまとめて実施することが目指され、森林法が幾度も改正された。

　2010 年代になると木材加工工場から安定的な木材供給が要請されるようになった。戦後に造林した人工林が成長しているものの、森林所有者の高齢化が進み、一部では所有者や所有の境界の不明のため、伐採と利用が進まないことが課題とされた。2018 年の森林経営管理法では、森林所有者が定められた責務を果たせない場合には、市町村がその森林の経営管理権を集めて、「林業経営者」へその権利を移転する制度を導入した。ここでの林業経営者とは、主伐し、再造林を実施しうるものと位置づけられている。このように、「林業経営」の意味が変化しているが、林業は造林後の育成期間が長いという点が一番の特徴であり、将来どのような森林を目指すのか（目標林型）という視点をもって林業を営むことが重要である。

❹林業経営に関連する主な法律

法律名（主な内容）

年	法律名（主な内容）
1897年	第 1 次森林法（保安林制度の導入）
1907年	第 2 次森林法（森林組合制度の創設）
1951年	第 3 次森林法 ＊（森林計画制度の導入、森林組合の協同組合化、2022 年までに何度も改正）
1964年	林業基本法（総生産の増大、生産性の向上、林業労働者の地位向上、林業経営の協業化）2001年に森林・林業基本法に改正
1978年	森林組合法 ＊（森林法から独立、民有林の担い手として育成）
2001年	森林・林業基本法 ＊（森林の多面的機能、林業の持続的発展）
2018年	森林経営管理法 ＊（森林所有者の責務、市町村による経営管理権の集積、林業経営者への権利の移転）

注：＊は現在も実効性のある法律を示す

食卓と流通

資源問題

内水面漁業

つくり・育てる漁業

環境と生物多様性

多面的機能

漁業の未来

世界の林業と日本の暮らし

日本の森のあり方

持続的な森づくりと林業経営

森林環境税による森づくりへの参加

執筆：石崎涼子

◎自治体レベルの森林環境税

　お金には声がある。皆さんは、そんな風に考えたことはあるでしょうか。お金は単なる数字ではありません。誰が何のためにどのように負担したお金を誰がどのように使うのか。そこには、お金を介した人の繋がりとそこに込められた意図があります。ただ、それは意識しないと見えません。森林保全に関わる政策の1つに、税の負担と使途の関係を明確にすることで、人々の意識や関心を高めようとする仕組みがあります。政策に込めた意図を「声」として届けたい。その「声」自体をみんなでつくりたい。自治体で導入されてきた森林環境税は、そんな仕組みの1つです。

　2000年代以降、37の府県で森林環境税と呼ばれる仕組みが導入されました。森に関心をもち、森林保全を進めるために導入された制度です。全国で最初に導入したのは高知県です（❶）。県民と企業が年間500円ずつ、それまでより多く税を納め、その税収を森林保全のために用います。集めた税金の使途、その効果まで、住民が一連の過程で検討に参加できます。森の重要性を認識し、住民みんなで森を守るという意識を高める仕組みをつくることが目的で、「参加型税制」とも呼ばれています。通常の公共政策とは別に、森林保全のための負担とそれを用いた施策という財源と施策の関係を「見える化」できます。住民が森林保全を支える当事者であることに気づき、関わるきっかけをつくり出す仕組みが自治体による森林環境税です。

❶ 2003年に初めて森林環境税を導入した高知県のロゴマーク

◎長い歴史のある上下流連携による水源林保全の仕組み

　歴史を振り返ると、森林保全のための費用を負担する仕組みを築いてきた地域がありました。下流で暮らす人々にとって、飲料や農業、そして工業の発展のために

水は重要で、水源である上流域の森林の保全は非常に切実な問題でした。そこで、上流の水源林の保全のために下流に住む人々が費用等を負担する仕組みが生まれたのです。東京都や横浜市は、100年以上にわたり今でも広大な水源林の管理を続けています。

高度成長期に入ると、ダム建設などが進み、都市に住む多くの人々にとって、上流の水源林は遠い存在となり、関心が薄れていきました。そんな状況を懸念した一部の地域では、上流への「感謝のしるし」として、水源林保全のための費用を基金に積み立て、水源林保全施策に用いる仕組みが設けられました。都市部から水源林地域への感謝の「声」を基金として示したのです。市民がボランティアとして水源林の保全活動を実施している例もあります（❷）。豊田市などでは、水道使用量1m³につき1円の負担といった形で、水の使用と水源林保全の費用負担の関係を結びつける仕組みも導入されています（❸）。

❷多摩川水源森林隊の森林保全活動の様子

間伐材を横に並べて保水力を高める
出典：東京都水道局HP（https://www.mizufuru.waterworks.metro.tokyo.lg.jp/create/）

❸愛知県豊田市の水道水源保全基金「森が育てる水」のYouTube

◎国レベルの森林環境税・森林環境譲与税の仕組み

これまで地域レベルで森林環境税の導入や水源林保全費用の確保が広がってきましたが、2024年度からは、全国の国民から森林整備などの財源として1人あたり1000円を集める国レベルの森林環境税の仕組みが始まります。国は集めた財源を、一定の基準で主に市町村へ配分し、市町村が具体的な使途を検討し実施します（❹）。すでに2019年度から森林環境譲与税の配分が始まっています。この森林環境譲与税の使い方は各市町村のホームページで公開されることになっています。皆さんが住んでいる自治体ではどのように使われているか調べてみましょう。

❹国レベルの森林環境税の仕組み

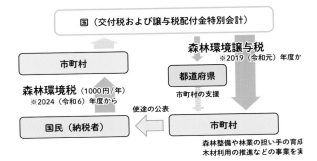

食卓と流通

資源問題

内水面漁業

つくり・育てる漁業

環境と生物多様性

多面的機能

漁業の未来

世界の林業と日本の暮らし

日本の森のあり方

持続的な森づくりと林業経営

森林認証制度と持続可能な林業

執筆：藤原敬大

◎持続可能な森林経営を評価する基準・指標づくりと森林認証制度

　私たちが日々の生活で消費する物のなかには、木材や紙製品のように熱帯林の減少など世界の森林問題と繋がっている物もあります。1992年の地球サミットでは、今日の国際的な取組みの礎となる気候変動枠組条約や生物多様性条約が採択されました。また森林の経営や保全および持続可能な開発に関する「森林原則声明」も採択されました。同声明は森林に関する初めての国際的な合意文書であり、「持続可能な森林経営（将来の世代のニーズを満たす能力を損ねることなく、現代の世代のニーズを満たす森林経営）」の共通認識が醸成されました。その結果、持続可能な森林経営を客観的に評価するための基準・指標づくりが国際的に進行し、たとえば、熱帯地域では国際熱帯木材機関（ITTO）による持続可能な森林経営の基準・指標が作成されました。

❶身近な紙製品（ティッシュペーパーとコピー用紙）に貼られた森林認証のラベル

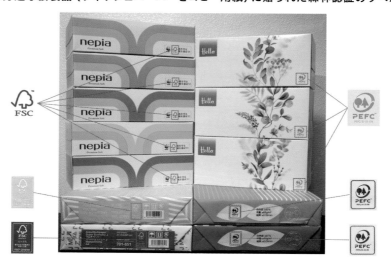

その一方で、政府間の取組みでは不十分だとする環境NGOは、森林認証制度の取組みを始めました。同制度は、持続可能な方法で管理された森林から生産されている製品かどうかを第三者機関が一定の基準に基づいて審査し、合格した製品にラベルを貼りつけて、消費者に選択的な購入を促すものです（❶）。規則の制定が政府ではなく、消費者の評価に由来する点に大きな特徴があります。国際的な森林認証制度として、1993年に世界自然保護基金（WWF）を中心として発足したFSC認証と、1999年にヨーロッパ11カ国の林業団体が主導して発足し、各国独自の認証制度を相互承認するPEFC認証の2つがあります。日本独自の森林認証として、緑の循環認証会議によるSGEC認証があり、2016年にPEFCと相互承認をしています。

◎森林認証制度の意義と限界

持続可能な開発目標（SDGs）の目標12は「つくる責任・つかう責任」であり、その達成のためには、事業者任せでなく消費者自らが意識をもち、行動することが求められています。一方でグローバリゼーションによって、ヒト、モノ、カネ、情報が容易に国境を越え、地球規模で移動するようになった現代社会において、私たちが日々の生活で消費する商品を生産した人や環境について知ることはきわめて困難です。そのため、第三者機関が一定の基準に基づいて持続可能な森林経営を評価し、それらの森林から生産された林産物にラベルを貼りつける森林認証制度は、消費者がサステナブルな木材や紙製品を選択的に購入するための手助けとなります。

しかし、森林認証制度には課題もあります。たとえば、森林認証機関（FSC・PEFC）が異なれば持続可能な森林経営の基準も異なります。そのため、消費者がそれらの基準を正しく理解したうえで、森林認証製品を選択的に購入することには難しさもあります。また必ずしも「森林認証製品＝持続可能な製品」とは言えません。森林認証のラベルがついた紙製品であったとしても、製造過程で化石燃料に由来する膨大なエネルギーを工場で消費し、海外から輸入する場合は輸送過程でも多くのCO_2を排出します。ハンバーガーが森林認証紙で包まれていたとしても「原料である牛肉が持続可能な方法で生産されたか（放牧地や家畜飼料として使われた大豆等）」までを森林認証は保証しません。

私たちは森林認証制度の意義と限界を正しく理解したうえで、持続可能な森林経営の実現に向けて効果的に活用することが求められています。まずは、皆さんの身の周りにある森林認証のラベルがついた物を探してみましょう。

食卓と流通

資源問題

内水面漁業

つくり・育てる漁業

環境と生物多様性

多面的機能

漁業の未来

世界の林業と日本の暮らし

日本の森のあり方

持続的な森づくりと林業経営

災害の多い日本で求められる林業

林業ってどういう機械を使っているの？

執筆：吉村哲彦

❶高性能林業機械

スイングヤーダ

ハーベスタ

フォワーダ

　日本の林業現場では高性能林業機械と呼ばれるスイングヤーダ、ハーベスタ、フォワーダなどが使われています（❶）。高性能林業機械の多くは林道（または作業道）を走行することを前提としているので、その活用には林道整備が必要となります。

　スイングヤーダは油圧ショベルに搭載したウインチとワイヤーロープで木を林道や土場まで運び出す林業機械です。ハーベスタは立木を伐倒する機能に加えて、木の枝払いや玉切りをすることもできる機械です。立木を伐倒せずに、木の枝払いや玉切りだけを行なう機械はプロセッサと呼ばれます。フォワーダは木を荷台に積んで運搬する機械です。フォワーダの多くはグラップル付きのクレーンを搭載していて、それによって木の積み込みと積み下ろしを行ないます。

林業機械化の歴史

　林業は山で木を育てて、大きく育った木を伐採して運び出し、それを販売することで利益を得る産業です。大きく育った木はとても重いので、木を伐採して運び出す作業を人力で行なうことは簡単なことではなく、それには大きな危険も伴います。そのような作業を効率よく、しかも安全に行なうためには林業機械の利用が不可欠です。

　林業機械がなかった時代には、人が木を斧や鋸で伐採し、伐採した木を馬で運んだり川に流したりしていました。その後、ワイヤーロープで木を吊り下げて運搬する索道や木をレールで運搬する森林鉄道が導入されましたが（❷）、道路の整備が進むにつれてトラック輸送に置き換わっていきました。第二次大戦後にはチェンソーが本格的に導入されるようになり、木材生産の効率が飛躍的に向上しました。

　現在では、近代的な林業機械が導入されて木材生産の効率や安全性が高くなっていますが、その一方で、急斜面に道を作ったり木を大量に伐採したりすることで（❸）、集中豪雨による土砂災害が多発するといった問題も生じています。

❷木材運搬用のディーゼル機関車（屋久島町屋久杉自然館）

❸路網を作って木を搬出した皆伐跡

調べてみよう

- [ ] 林業機械の普及台数の変化を調べてみよう。
- [ ] ヨーロッパではどのような林業機械を使っているかを調べてみよう。
- [ ] チェンソーやトラックがなかった時代、
木材をどのように伐採し運んでいたかを調べてみよう。

食卓と流通

資源問題

内水面漁業

つくり・育てる漁業

環境と生物多様性

多面的機能

漁業の未来

世界の林業と日本の暮らし

日本の森のあり方

持続的な森づくりと林業経営

日本の林業機械化の課題

　日本の林業は産業としての規模が大きくないため、林業機械の多くは建設現場で使われる油圧ショベルを改造したものが使われており、林業先進地域のヨーロッパで見られる林業専用機械はあまり普及していない。油圧ショベルを流用した林業機械の作業効率は林業専用機よりも通常低いものになる。たとえばスイングヤーダは林道や土場まで木を運び出す能力が、林業専用機であるタワーヤーダに比べて劣っており、その作業効率を飛躍的に高めることは困難である。

　そのため、スイングヤーダに代わって、（しばしば小型ウインチを搭載した）グラップルローダ（❹）という機械を使って木を林道まで運び出す車両系集材が普及してきた。この方法では、幅の狭い集材路（立木の伐採、搬出などのために林業機械が走行することを目的として一時的に作設する道）を集材現場に張り巡らせることが必要になる。しかし、適切な排水設備を備えていない集材路を急斜面に高密度に作ることが、集中豪雨で山が崩れる原因にもなっている。そのため、斜面災害を防止する観点からは、高密度な集材路を必要とする車両系集材よりも、タワーヤーダ（❹）を使った架線系集材を行なう方が望ましいと言える。タワーヤーダは集材路のような幅の狭い一時的な道では運用が難しく、恒久的な生産基盤となる林道整備が重要な課題となっている。

❹木寄せのための機械

グラップルローダ（ロングリーチ型）

タワーヤーダ

もっと学ぶための参考文献・資料

●吉村哲彦・鈴木保志・佐藤宣子（2022）『写真で見る 林業機械入門：日本とヨーロッパの林業機械』まりも未来書店
　（Amazon Kindle ダイレクト・パブリッシング）
●林野庁「林業機械」（https://www.rinya.maff.go.jp/j/kikai/kikai/ringyou_kikai.html）
●中部森林管理局「木曽式伐木運材図会」（https://www.rinya.maff.go.jp/chubu/koho/kisosikibatuboku.html）

解説2　自伐型林業のための林業機械

　高性能林業機械を用いた林業に対して、生産性やコスト改善の限界、補助金への過度な依存、自然環境への負の影響、豪雨災害への脆弱性といった問題が意識される中、近年自伐型林業という新たな木材生産の形態が注目されるようになっている。自伐型林業とは、森林経営を自らが行なう自立型の小規模林業であり、森林所有者や UI ターン者が林業に取り組む動機にもなっている。自伐型林業は皆伐を行なわずに長期的に間伐を続けることで継続的な収入を得る林業であるため、自然環境への影響が小さく、豪雨災害への耐性も高いという利点もある。高性能林業機械のような高価な機械を必要としないため、初期投資が小さく参入が容易であることも利点である。

　ヨーロッパにもたくさんの小規模林業があるが、トラクタのような機械を農業と林業で共用することで機械の稼働率を高めてコスト削減につなげており、農業と林業の協力は日本でも必要不可欠と言える。ヨーロッパにはトラクタに取り付ける林業用のアタッチメントが数多くあるが、そのようなものは日本ではほとんど皆無である。

　自伐型林業では、林内作業車と呼ばれる機械がしばしば使われているが、このような小規模林業に適した機械（❺）は日本ではまだまだ発展途上で、技術開発の余地は大きい状況にある。NPO 法人土佐の森・救援隊の「土佐の森方式軽架線」のようなコスト的にも力学的にも優れた軽架線集材技術の発展・展開が期待される。

❺小規模林業に適した機械

林内作業車

土佐の森方式軽架線

食卓と流通

資源問題

内水面漁業

つくり・育てる漁業

環境と生物多様性

多面的機能

漁業の未来

世界の林業と日本の暮らし

日本の森のあり方

持続的な森づくりと林業経営

木を育てて収入を得るには
何年かかるの？

執筆：興梠克久

❶静岡県で広く見られる茶と林業の農林複合経営

　わが国の林業は、建築用材になる木を人の手で植えて育てる形態（＝人工林）が主体で、人工林の樹種としてスギ、ヒノキ、カラマツが有名です。苗木を植えて、雑草に負けないように下草刈りを数年間行ない、間引き（＝間伐）を何度か行ない、最終的に収穫することを主伐と言います。主伐に達する木の年齢は、おおむねスギは35〜50年、ヒノキは45〜60年、カラマツは30〜40年で、これを標準伐期齢と言います。標準伐期齢は建築用材向けの林業としては短い方で、この年数で伐採した木材は柱や土台、梁・桁、合板や集成材の材料などになります。標準伐期齢の2倍以上の伐期（＝長伐期）で伐採した大径木は主に板に加工します。

　標準伐期にせよ長伐期にせよ、農業に比べると生産期間が圧倒的に長いことには変わりありません。そこで重視されるのが、林業と他の農作物や畜産などとの複合経営です（❶〜❹）。

伐期、農林複合経営、アグロフォレストリー

日本と世界の農林複合経営

日本の農山村において、農地や森林を所有している農林家は小規模生産者であり、多くの場合、農林複合経営を営んでいます。農林家は木材を生産する林業だけでは生産期間が長すぎて、毎年の生活費を得ることができません。これは林業の短所です。生産期間が短

❷九州で広く見られるシイタケと林業の複合経営
（宮崎県高千穂町、2018 年）

く、ほぼ毎年収入が上がる農業と、生産期間の長い林業を組み合わせることで、林業の短所を補うのが農林複合経営です。たとえば、静岡県では❶に見られるような林業と茶、あるいは林業とワサビ、九州では林業と米、茶、畜産 (和牛)、シイタケを組み合わせた農林複合経営が広く見られます（❷）。

農林複合経営は日本だけのものではありません。たとえば、東南アジアでは、天然ゴムの木や紙の原料となる広葉樹を植えると同時に、その木々の間にゴマやバナナ、ウコン、ハーブなどを植えて収入を確保しています（❸、❹）。これらはアグロフォレストリー （農業を意味するアグリカルチャーと林業を意味するフォレストリーをくっつけた造語） と呼ばれ、世界中で見られます。農業収入を得ながら樹木を育てることで、貧困の削減と環境保全を両立させる農林業システムとして注目されています。

❸アグロフォレストリーの一例
　天然ゴムの木の間にゴマを栽培
　（カンボジア、2006 年）

❹バングラデシュの社会林業地でのアグロフォレストリー
　アカシアとウコン
　写真提供：佐藤宣子氏

調べてみよう

- [ ] スギ、ヒノキ、カラマツ以外にどんな林業用樹種があるか、調べてみよう。
- [ ] 農林複合経営の主要な作物にはどんなものがあるか調べてみよう。

食卓と流通

資源問題

内水面漁業

つくり・育てる漁業

環境と生物多様性

多面的機能

漁業の未来

世界の林業と日本の暮らし

日本の森のあり方

持続的な森づくりと林業経営

農林複合経営のタイプと労働力の「年間完全燃焼」

　農業部門と林業部門のどちらが主要な部門なのか、という点に注目すると、農林複合経営にもさまざまなタイプがあることが分かる（❺）。

　最近では、都会から農山村に移住し、「多業的暮らし」というライフスタイルを実現させようとする若者が増えている。このようなライフスタイルは、農山村に昔から住んでいる農林家にとってもごく当たり前のもので、農林複合経営は元祖「多業的暮らし」と言っても良いだろう。

　農林複合経営のメリットの1つとして、労働力の「年間完全燃焼」があげられる。農閑期の余剰労働力を林業部門などの他部門に投下して、労働力が遊休化しないようにすることを、「年間完全燃焼」という言い方をする場合がある。

　具体例として、熊本県での調査結果を見ておこう。この調査は2002年に筆者が実施したものである。畑作農業と畜産（繁殖牛）、林業の複合経営を営む農林家が数多くいるA集落を対象とした。この集落の主要作物はダイコンとキャベツ（高冷地野菜）で、これらの作物の作業がない時期に他の作物や林業の作業が入り、年間を通じて仕事がある、つまり労働力を年間通じて完全燃焼している様子が分かる（❻）。

❺農林複合経営のタイプ区分

タイプ	特　徴
林業単一型	林業のみが主要部門、販売収入が林業部門に依存する経営。大規模経営
	持続可能な林業経営としての資源内容が充実（法正林）
農林複合型	林業が他の生産部門と並んで主要部門を形成
	林業以外の生産部門として最も一般的なものは、耕種農業や茶、畜産、特用林産（シイタケ等）など
	これらを支える形で雇われ兼業等の従属部門が結合することが多い
林業副次部門型（準単一型）	農業が主要部門で、土地・労力・資金等の生産要素の遊休化を防ぎ、利用効率を高めることで経営全体としての所得を高める部門として林業が位置づけられる
	これらを支える形で雇われ兼業等の従属部門が結合
林業従属部門型	農業などの部門の生産に必要な資材や労力を供給し、それらの部門を内部的に支える従属部門として林業が位置付けられている場合（いわゆる農用林）
	例）肥料や飼料、燃料、営農資材の供給、薪炭生産やシイタケ生産のための原木の供給、シイタケほだ場や放牧地（林間放牧）としての利用など

資料：以下の文献をもとに筆者作成。和田照男「複合経営の論理および成立条件と農林複合経営」『林政総研レポート』No.12、1980年。
舟山良雄「農林複合経営の機能別位置付けと展開過程」『林政総研レポート』No.12、1980年
注：法正林とは、毎年の成長と同じ量を伐採することができるよう、森林を区分けして配置したもの。たとえば、1年に1haずつ伐採して植林するとした場合、50haあれば50年の伐採周期の林業経営が可能であるし、100haあれば100年の伐採周期の経営が可能

もっと学ぶための参考文献・資料

● 佐藤宣子・興梠克久・家中 茂著（2014）『林業新時代 :「自伐」がひらく農林家の未来』農山漁村文化協会
● 農林水産省（2021）『中山間地域における「地域特性を活かした多様な複合経営モデル」について』
　（https://www.maff.go.jp/j/press/nousin/tyusan/210324.html）
● 国連食糧農業機関（FAO）About agroforestry（https://www.fao.org/forestry/agroforestry/80338/en/）

解説2　生活基盤としての森林 ── 農林複合経営の意義 ──

　農山村において、農業部門と林業部門を結合させることの意義を整理すると、①農業部門での経営投資（規模拡大や機械化、施設整備など）だけでなく、乗用車購入や住宅建て替え、大学生への仕送り、学校の授業料、婚姻費用などの家計上の臨時出費への備え、つまりストック資産として森林が大きな意義をもっていること、②森林というストック資産が収入の不安定な農業経営を支えることが期待されること、③農業と林業の間で技術や機械などの共有が可能なこと（例えば、シイタケ原木の伐採技術をスギ間伐材伐採に応用、小型運搬車の農林業間での共用など）、④毎年一定の所得を得ることが可能な農業部門は、働く場所が少ない山村においては重要な所得源となって定住を可能にすること、⑤農地や森林の取得が困難な中、小規模経営でも農林業で通年就労が可能なこと、などがあげられる。

　毎年収入が得られる農業部門と違って、林業部門は生産期間が超長期であるため、小規模経営においては毎年収入を得ることが難しい。しかし、農林複合経営において、林業部門は毎年収入をもたらさなくても、やがて来るべき経営上・家計上の臨時出費への備えとしての性格をもち、農業部門やその他の勤め先からの収入を長期間にわたって補完するという意味で、農林複合経営にとって森林は生活基盤である。

　山村で農林複合経営を営む農林家の多くは小規模で収入が少なく、他産業からの兼業収入が不可欠であり、我が国農林業の主要な担い手としては評価できないとする見解がある。しかし、この見解は、兼業農林家の生活者としての論理や地域社会の重要な構成員であるという認識に欠けている。兼業農林家にとって農林業は生きがいであり、生活基盤である。兼業農林家は山村社会の主要構成員であり、水・土地・林野などの地域資源の共同管理や伝統文化の継承など山村の活力維持にも役だっている。また、兼業農林家は消費者としても地域農産物市場で大きな役割を果たしている。

❻熊本県高森町のＡ集落における農林複合経営の年間作業体系

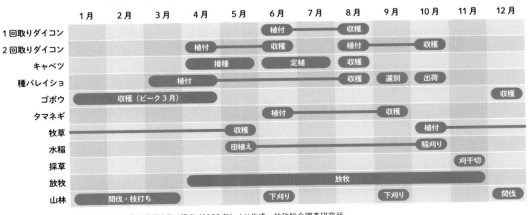

資料：筆者による農林家聞き取り調査（2002 年）より作成。林政総合調査研究所
『林家経済の基礎的研究（Ⅱ）──A86 自伐林家の展開局面と組織化の意義──』（林政総研レポート 63 号、2003 年）、132 頁

食卓と流通

資源問題

内水面漁業

つくり・育てる漁業

環境と生物多様性

多面的機能

漁業の未来

世界の林業と日本の暮らし

日本の森のあり方

持続的な森づくりと林業経営

14 自伐型林業の可能性

大事なのは規模拡大よりも質の向上？

執筆：上垣喜寛

❶自伐型林業（左）と一般的な林業（右）のイメージ

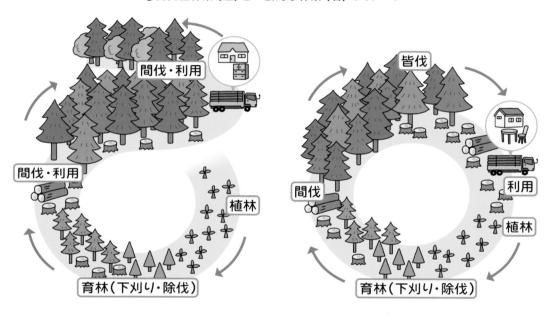

　日本の林業界では、小さな面積の山林をひとまとめにし、効率的に素材（木材）を生産する「大規模集約化」の林業が進められています。まとまった土地に高性能な林業機械を運び入れ、できる限り人手をかけずに生産量を上げるような施業が全国で展開されています。そこで林業を行なうのは、森林組合や林業事業体です。山の所有者（山主）に代わって伐採等を行ない、作業が終われば次の現場へと移っていきます。山主の多くは、伐採や規模拡大の「意欲がない」人たちとされ、森林整備は業者に任せる仕組みが定着しつつあります。では、本当に山主は意欲がなく、自分で林業ができないのでしょうか。山の持ち主や山の周囲に住む地域住民が、自らその土地に向き合い、数十年、百年以上の長期的な視点で森林を整備・管理し続ける林業の形があります。それが「自伐型林業」です（❶）。

自伐型林業、長伐期多間伐施業、道づくり、過疎化、移住・定住

自伐型林業の特徴

❷ 樹齢100年を超える針葉樹をはじめ、多様な樹種が混在する自伐林家の森。規模拡大を目指さない家族経営の林業を続ける
（徳島県那賀町／撮影：高木あつ子）

「自伐型林業」とは、森林の管理や整備を業者に任せるのではなく、山の持ち主や地域住民らが自ら行なう自立・自営の林業です（❷）。自分で伐採するところから「自伐」という言葉がつけられていますが、伐採だけでなく、山から木を運び出し、販売まで一貫経営するのが特徴です。

　山には軽トラックが通れる程度の道を張り巡らせます。クモの巣のように道が通っているため、広大な山林でも車で通うことができ、庭を整備するような細やかな管理が可能です。また、木を伐採すればどこかの道に引っかかるので、丸太の長さをそろえる「造材」や、積み込みの労力は最小限に抑えられます。外部の事業者に任せる仕事を家族程度の人数でこなし、労働力以外のコストは少なく、手元に収入が残る林業が実現できます。

　木を伐採する場合は、木々の成長量を超えない程度の弱度の間伐に止めます。切り過ぎてしまえば、来年、再来年、数十年先の財産を切り崩すことになるからです。木材の相場が低ければ切らず、高い時に出すような、柔軟な経営にもつながります。すぐに大きな売り上げを出せるわけではありませんが、間伐生産しながら残った木の質を高めるよう心がけ、蓄積量（在庫）を増やすことを重視する長期視点の森林経営です。

　初期投資が少なく、参入のハードルが低いのもポイントの１つで、初心者から研修で技術を身につける実践者が増えています。昨今、移住者（Ｉターン者）や生まれ育った故郷に戻るＵターン者のほか、一世代を超えて祖父母が住む農山村に移住する孫ターン者が地域の信頼を得ながら山の手入れや管理をしている例も目立ち、過疎化の進む中山間地域の貴重な担い手になっています。

調べてみよう

☐ 過疎地域、Ｉターン、Ｕターンとは何かを調べてみよう。
☐ 切り取り法面（のりめん）とは何かを調べてみよう。
☐ 自伐型林業が注目される理由について考えてみよう。

食卓と流通
資源問題
内水面漁業
つくり・育てる漁業
環境と生物多様性
多面的機能
漁業の未来
世界の林業と日本の暮らし
日本の森のあり方
持続的な森づくりと林業経営

解説
1

50 年以上の森を何度も間伐していく
「長伐期多間伐」

　あらかじめ決まった数量を伐採する「定量間伐」が、1960 年代後半（昭和 40 年代）から広がった。たとえば「3 割間伐」といえば、質の悪い劣勢木から切り、もとあった全体量の 7 割以下になるまで伐採していく。一定幅で縦一列に伐採する「列状間伐」のような機械的な間伐もある。さらに効率的に伐採を進めるのが、山を丸裸にする「皆伐」だ。一定面積をすべて伐採するもので、1 本 1 本の木材がもつ多様な情報よりも、伐採効率を優先する林業である。

　伐採されるのは戦後、植栽された人工林が中心で、「50 年の伐期を迎えた」として、皆伐をして新しい苗木を植える 50 年サイクルの「皆伐再造林」の仕組みが長らく推奨されてきた。

　一方の自伐型林業は、将来性のある木を残す林業で、定量間伐のような生産性重視の林業とは一線を画す。間伐は 2 割を超えない弱度の間伐を繰り返し行なう。1 回の間伐における面積当たりの生産量（出荷量）は少ないものの、樹齢 50 年を超えても育つような優良木をストックしていくため、数年後に同じ場所で間伐する際には市場価値の高いものを選び出荷することが可能になる。そのためには残す木と切る木を見定める「選木」の目利きが林業者にとって必須の技術になる。こうしたやり方は、伐期を長く設定し、間伐を何度も繰り返すことから、「長伐期多間伐施業」ともいわれる。

　実際に、奈良県吉野地域などでは江戸時代に植林したスギやヒノキが数十回の間伐を繰り返し、200 年が経過した今もなお間伐されている（❸）。また、森林面積の約 7 割が天然広葉樹林の北海道では、ミズナラやウダイカンバなどの広葉樹を樹齢 60 年以上に育てて 1 本の樹から建築用材、薪炭材、ホダ木を生産し、それらを複合的に販売するような経営を目指す動きもある（北海道自伐型林業推進協議会HP 参照）。風のあたりやすい尾根に広葉樹を育て、スギなどの針葉樹を強風から守るような「針広混交林」をつくる林業地も見られる。

　「伐期」を一律に考えず、樹木一本一本の状態や用途を決めていくのも、「長伐期多間伐」の自伐型林業の醍醐味といえる。

❸ 山主と山の管理を任される「山守（やまもり）」が江戸時代から守り続ける奈良県吉野地域の山林。山に張り巡らされた道から 200 年を超えるスギを搬出する（奈良県川上村／撮影：高木あつ子）

もっと学ぶための参考文献・資料
● 岡橋清元（2014）『現場図解 道づくりの施工技術』全国林業改良普及協会
● 佐藤宣子（2020）『地域の未来・自伐林業で定住化を図る─技術、経営、継承、仕事術を学ぶ旅』全国林業改良普及協会
● アジア太平洋資料センター『壊れゆく森から、持続する森へ』（監督 香月正夫・監修 上垣喜寛）
　　http://www.parc-jp.org/video/sakuhin/mori.html
● 農文協（2017）『小さい林業で稼ぐコツ：軽トラとチェンソーがあればできる』農山漁村文化協会

解説2　壊れない道づくり

　長期的な経営で大事なのは、災害のリスクに強い森林をつくることである。

　気候変動の影響で、かつて経験したことのないような豪雨が降り、山が崩壊し、土石流となって民家を襲うような災害が全国各地で発生している。ひとたび山が崩れれば、補修のために膨大な時間とエネルギー、資金がかかり、最悪の場合は人命にも関わる問題になる。

　地域住民の目が行き届いた山をつくるためには、山に入るための道が必要だ。道をつくることは、山に傷をつけること。傷は最小限でなければならない。そこで、自伐型林業者が身につける技術として「壊れない道づくり」がある（❹）。

　山の土質や地形を把握し、崩壊を招きやすい箇所を避けた路線を設計する。道幅は 2.5m 以下、山側の切高（切り取り法面）は 1.4m 以下に抑えるのが基本となる。それ以上の道幅になれば、樹冠の隙間が大きく広がり、台風時などに強い風が通って、倒木が出る可能性が高まるためだ。環境変化を極力抑え、路肩や法面の崩壊リスクを低減させるようにする。

　もっとも注意するのは、水の流れである。水流が一箇所に集まらないような排水の設計をする。それは、道の途中に複数の水切りを施し、豪雨が襲っても上流からの雨水を分散排水させ、下流への影響を抑える工夫である。このように敷設された道は数十年にもわたって使い続けることが可能だ。徳島県那賀町の林業家が自身の山に作った約 30km の道のうち、これまで 40 年間で壊れたのはわずか 9m（全体の 0.03%）。それも短期間で補修できる程度の崩壊であった。

　「壊れない道」は土地を安定させ、緑化も進み、森に溶け込むような景観になるともいわれる。持続可能で環境保全型の自伐型林業には欠かせないものとして、自伐型林業者たちは道づくりの技術を日々研鑽している（❺）。

❹水の流れが集まる谷部には木組みや石積みを施す。コンクリート管など穴が詰まって崩壊するような人工物は極力入れない（徳島県那賀町／撮影：高木あつ子）

❺自伐型林業の道づくり研修での集合写真。30〜40歳代の参加者が多い（福井県福井市／撮影：宮田香司）

食卓と流通

資源問題

内水面漁業

つくり・育てる漁業

環境と生物多様性

多面的機能

漁業の未来

世界の林業と日本の暮らし

日本の森のあり方

持続的な森づくりと林業経営

里山保全に向けて

執筆：宮浦富保

◎里山利用の歴史

　里山は、人間が長い時間をかけて手を入れ、多様な形で利用してきた場所です。薪や柴、刈草、落ち葉などを里山から採取し、燃料や肥料、茅葺きに利用してきました。里山から一度に得られる資源には限りがあるので、適切な時期に、適切な量を採取して、持続的に利用する必要がありました。そのために、「入会」という制度が、日本の各地でつくられてきました。入会では、集落の家々が里山の資源を持続的に、公平に利用するための規則を定めていました。地域や、利用する資源によってさまざまな入会の形態がありました。たとえば、落ち葉掻きの場合、開始できる時期や、1件の家から参加できる人数、使用できる籠のサイズなどが決められていました。

◎里山と生物多様性

　里山の環境を維持することで、日本の生物多様性の一部が保全されてきたということも分かっています。コナラ等の樹木の定期的な伐採が繰り返され、柴（細い樹木）の刈り取りが行なわれている里山では、春先に太陽の光が林床に降り注ぎます。このような環境は、カタクリのような植物にとって絶好の生育場所となります（❶）。カタクリは早春に芽を出し、葉を展開して光合成を開始します。5月になると樹木の葉が展開し、林の中は暗くなります。樹木の葉が十分に展開しきった頃に、カタクリは葉を枯らし、地下茎のみで休眠に入ります。人間が定常的に手を入れてきた場所では、カタクリと同様に、その環境に適応した生物が生活を続

❶カタクリの花

けてきました。たとえば、メダカやタガメ、フナ、ドジョウなどは、水田という環境に適応して生き残ってきた生物です。

◎里山利用の低下とその影響

　石油や石炭、核燃料などの地下資源を利用するようになり、里山の資源利用は行なわれなくなりました。里山は放置され、管理されなくなってしまいました。藪が繁茂し、林の中は暗くなりました。カタクリのような植物はこの環境に適応できず、多くの場所で消失しつつあります。

　見通しのきかない、藪化した里山は、野生動物たちの隠れ場所となりました。動物たちは、見つかることなく、田畑や人家に近づくことが可能になりました。全国的に多くの鳥獣害問題が発生しています。

◎里山の保全に向けて

　これらの問題を解決しようという活動が、全国で行なわれています。環境省は生物多様性保全上重要な里地里山（略称「重要里地里山」）を全国から500カ所選定しています。たとえば、滋賀県大津市の「龍谷の森」では、大学の里山研究や、学生実習、卒業研究などが行なわれ、市民との協働による保全活動（❷）も展開されています。この森は市街地近郊に位置しながら、水田や畑に接続しており、里地里山生態系の重要な要素となっています。また、長野県飯田市遠山郷の「下栗の里」は、傾斜面に耕地や民家が点在する古くから続いてきた集落です（❸）。畑や薪炭林などを含むモザイク状の土地利用が維持されており、エコツーリズムや希少植物保全の取り組みなどが行なわれています。

❷落葉の腐葉土づくりをする里山保全活動

❸傾斜地の下栗集落

食卓と流通

資源問題

内水面漁業

つくり・育てる漁業

環境と生物多様性

多面的機能

漁業の未来

世界の林業と日本の暮らし

日本の森のあり方

持続的な森づくりと林業森林経営

今、林業の仕事に若者の熱視線！

執筆：興梠克久

◎林業労働の課題とさまざまな学びの場

　わが国の林業従事者は、1980 年の 14.6 万人から 2020 年には 4.4 万人へと、3 分の 1 に減少していますが、近年は減少テンポが鈍化しています（国勢調査）。林業への新規就業者数は、2000 年以前の年間 2000 人前後から現在では 3000 人前後へと増加しています。その新規就業者の多くは 20 ～ 30 代で、緑の雇用事業や林業大学校を活用して林業に参入しています。そうした中で、林業従事者のうち 35 歳未満の若年者率は 1990 年の 6 ％から 2020 年には 17 ％となりました。いま林業は、若者達から注目される職業になりつつあります。

　しかし、若者が林業に参入するためには 3 つの大きな壁があります。1 つめは、林業は労働災害の多い危険な産業であることです。林業の労働災害発生率は全産業の約 11 倍です（厚生労働省、2020 年）。2 つめは、林業は年収が低いことです。労働者の年間給与額は全産業平均で 432 万円、林業は 343 万円です（林野庁・国税庁、2017 年）。3 つめは、林業の技能取得に費用と時間がかかることです。

　これらの課題を解決するために、国は 2003 年より緑の雇用事業（❶）を実施しています。この事業は、林業への新規就業者が、OJT（On the Job Training、職場での業務を行ないながら研修を受ける）と、Off-JT（Off the Job Training、職場を離れた研修施設での集合研修）によって、林業の基本技術を学べる制度です。就業後 1 ～ 3 年目の新人対象の FW 研修（Forest Worker）、就業後 5 年以上の従業員対象の FL 研修（Forest Leader）、就業後 10 年以上の従業員対象の FM 研修（Forest Manager）とキャリアアップが可能となっています。研修は無料で受講でき、FW 研修生には月額 9 万円の事実上の給与助成があります。

　緑の雇用事業は就業後の研修制度ですが、就業前の研修制度もあります。各都道府県が開校している林業大学校（2022 年現在 24 校、❷）では、1 ～ 2 年間、林業技能を学んだ後に就職します。

森林組合や林業会社に雇われて林業を始める若者は、以上の研修を受けることができますが、最近では自分で林業を起業したいという若者も増えています。林業経験がない場合は、自伐型林業推進協会が各地で実施している研修や厚生労働省の研修制度を利用して、林業技術を学ぶこともできます。

さらに森林や林業について深く学びたい場合には、森林科学に関係した学科がある大学（全国27大学）へ進学するコースもあります。これらの大学は実習や研究のためのフィールドとして演習林を有しています（❸）。

このように、若者たちを森林や林業に関係する仕事に受け入れる多様な形の仕組みがあります。

❶緑の雇用ホームページ

❷森林・林業に関する学科・科目設置校（林業大学校・短期大学等）

【北海道】北海道立北の森づくり専門学院、【青森県】青い森林業アカデミー、【岩手県】いわて林業アカデミー、【秋田県】秋田県林業研究研修センター（愛称：秋田林業大学校）、【山形県】山形県立農林大学校、【福島県】林業アカデミーふくしま、【群馬県】群馬県立農林大学校、【福井県】ふくい林業カレッジ、【山梨県】専門学校山梨県立農林大学校、【長野県】長野県林業大学校、【岐阜県】岐阜県立森林文化アカデミー、【静岡県】静岡県立農林環境専門職大学短期大学部、【京都府】京都府立林業大学校、【兵庫県】兵庫県立森林大学校、【奈良県】奈良県フォレスターアカデミー、【和歌山県】和歌山県農林大学校、【鳥取県】日南町立にちなん中国山地林業アカデミー、【島根県】島根県立農林大学校、【徳島県】とくしま林業アカデミー、【愛媛県】南予森林アカデミー、【高知県】高知県立林業大学校、【熊本県】くまもと林業大学校、【大分県】おおいた林業アカデミー、【宮崎県】みやざき林業大学校

❸森林・林業に関する学科やコースを設置している大学

北海道大学、岩手大学、東北大学、山形大学、宇都宮大学、新潟大学、東京大学、東京農工大学、筑波大学、信州大学、静岡大学、日本大学、東京農業大学、玉川大学、名古屋大学、岐阜大学、三重大学、京都大学、京都府立大学、鳥取大学、島根大学、愛媛大学、高知大学、九州大学、宮崎大学、鹿児島大学、琉球大学

食卓と流通

資源問題

内水面漁業

つくり・育てる漁業

環境と生物多様性

多面的機能

漁業の未来

世界の林業と日本の暮らし

日本の森のあり方

持続的な森づくりと林業経営

おわりに
—— 海と森をつなげて考える （佐藤宣子）

身近なことから環境問題を考える

　シリーズ第3巻は漁業と林業を題材に、エコシステムをテーマにさまざまな角度からみてきました。エコシステムは水や物質の循環、および生物の多様性とその連関から成り立っています。漁業は海と川、林業は森林（日本の場合はほとんどが「山」）の環境から影響を受けるとともに、やり方によってはエコシステムに大きなダメージを与えることもあります。海洋プラスチックの問題や熱帯林の破壊による地球温暖化の進展などから、SDGs（持続可能な開発目標）でも海と森林の保全があげられているのは学んだことがあると思います。しかしそれがなぜ必要なのか、私たちの暮らしとどのようにつながっているのかを考えるために、新しい視点を提供したい —— そういう気持ちで本巻の編集に携わりました。第3巻では、次の4つの点を重視しました。

　第1は、森と海のつながりについて、漁業、林業の各テーマで説明していることです。海と森には地球上の多くの生き物が生息し、エコシステムを形成しています。海と森は水の循環と窒素や炭素などの物質の循環によってつながり、地球全体のエコシステムを形成しています。急激に進む地球温暖化現象にも深く関係しています。本巻では最新の研究成果を盛り込むように努めました。ただし、森と海とのつながりのすべてが科学的に解明されているわけではありません。興味をもったテーマについては、参考文献や資料を使ってぜひ学びを深めてください。

風土とともにある日本の漁業と林業

　第2は、日本の漁業と林業の課題を提示したことです。日本人は、海と森から多くの恵みを得て、暮らしてきました。「緑の列島」と呼ばれる日本は、雨が多く

森林率が高く、周りを海に囲まれる島々から成り立っています。海の幸、山の幸といわれるように、食料、生活用品、住宅の材料、農業用の肥料、家畜の飼料、エネルギーなど実にさまざまなものを海と山（森林と草地）から得ていました。しかし、高度経済成長期を境に多くの利用が縮小し、大量生産と大量消費が可能なものだけが商品として流通するようになりました。輸入を通じて日本での消費が、世界各地の森林や海に影響を与えています。単に利用を減らせばよいというものではなく、適切に使うこと、そして国内の漁業と林業を小規模な経営を大事にすることで振興することの重要性を指摘しています。

さらに、日本は自然災害が多く、近年、温暖化の影響で豪雨による土砂災害や洪水被害が発生しています。林業編では災害が多い国で必要な森林管理のあり方についていくつかのテーマを設定しました。

「環境にやさしい」を疑ってみよう

第3は、「環境にやさしい」として注目されているものを問い直す視点です。「環境にやさしい」とされるもののなかには、生産・流通・消費・廃棄をトータルにみると環境負荷が大きなものがあります。ＳＤＧｓの実現が社会課題になるなかで、私たちの周りに「環境にやさしい」商品があふれています。立ち止まって、本当にそうなのかを疑う視点をもちましょう。疑問をもつことから「ほんとうのエコシステム」に接近することができます。

時間と空間を広げる視点をもとう

最後に、第4は、エコシステムを考えるうえで重要な時間と空間を広げて考え

るということです。

　森が育つには長い時間を要します。今の森の姿は過去の人々による利用の仕方や育て方に影響を受けています。歴史の流れのなかで環境問題を考える必要があります。そのことで、未来の人々が目にする森や海の姿は、現在を生きる私たちの選択だということにも思いを馳せることができます。

　空間的に考えるとは、森とつながっている海まで含めた流域のつながりを考えることが求められます。また、輸入元の生産地について知ること、さらには地球規模の気候変動との関連を知るには海外の出来事にも興味をもつことも重要です。とりわけ発展途上国の政治や経済についても興味をもつことが必要でしょう。

　本書が広い視野でエコシステムを学ぶための一助になることを願っています。

執筆者紹介（五十音順）

飯島 博（認定特定非営利活動法人アサザ基金 代表理事）／ *Theme 1 - 10*

石崎涼子（森林研究・整備機構森林総合研究所林業経営・政策研究領域 チーム長）／ *Column 2 - 6*

磯辺篤彦（九州大学応用力学研究所 教授）／ *Theme 1 - 11*／ *Column 1 - 9*

井田徹治（共同通信社 編集委員兼論説委員）／ *Column 1 - 3*

伊藤 哲（宮崎大学農学部 教授）／ *Theme 2 - 9*

上垣喜寛（特定非営利法人自伐型林業推進協会 事務局長）／ *Theme 2 - 14*

上田克之（株式会社水産北海道協会 代表取締役）／ *Theme 1 - 3*

大久保達弘（宇都宮大学農学部 教授）／ *Theme 2 - 5*／ *Column 2 - 3*

大森良美（一般財団法人水産物市場改善協会／日本おさかなマイスター協会 事務局長）／ *Column 1 - 1*

片山知史（東北大学大学院農学研究科 教授）／ *Theme 1 - 5*

川島 卓（特定非営利活動法人21世紀の水産を考える会 事務局／家族農林漁業プラットフォーム・ジャパン 常務理事）
／ *Theme 1 - 2*

興梠克久（筑波大学生命環境系准教授）／ *Theme 2 - 13*／ *Column 2 - 9*

五味高志（名古屋大学大学院生命農学研究科 教授）／ *Theme 2 - 6*

齋藤暖生（東京大学樹芸研究所 所長）／ *Theme 2 - 3*／ *Column 2 - 2*

櫻本和美（東京海洋大学 名誉教授）／ *Theme 1 - 6*

佐藤宣子（九州大学大学院農学研究院 教授、第3巻編者）／ *Theme 2 - 1*／ *Theme 2 - 11*／おわりに

杉山秀樹（秋田県立大学生物資源学部 客員研究員）／ *Theme 1 - 7*

高橋勇夫（たかはし河川生物調査事務所 代表）／ *Column 1 - 6*

田口さつき（農林中金総合研究所 主任研究員）／ *Theme 1 - 12*

立花 敏（筑波大学生命環境系 准教授）／ *Theme 2 - 2*

つる詳子（熊本県環境アドバイザー）／ *Column 2 - 4*

泊みゆき（特定非営利活動法人バイオマス産業社会ネットワーク 理事長）／ *Theme 2 - 4*

長尾朋子（東京女学館高等学校）／ *Column 2 - 5*

二平 章（茨城大学人文社会科学部 客員研究員、第3巻編者）
／ はじめに／ *Theme 1 - 1*／ *Theme 1 - 4*／ *Column 1 - 4*／ *Column 1 - 5*／ *Theme 1 - 13*

根本悦子（クッキングスクールネモト 主宰）／ *Column 1 - 2*

長谷川健二（福井県立大学 名誉教授）／ *Theme 1 - 8*

馬場 治（東京海洋大学 名誉教授）／ *Column 1 - 7*

福田健二（東京大学大学院農学生命科学研究科 教授）／ *Theme 2 - 7*

藤原敬大（九州大学大学院農学研究院 准教授）／ *Column 2 - 1*／ *Column 2 - 7*

星合愿一（公益社団法人日本水産資源保護協会MELジャパン 審査員／元宮城県水産加工研究所 所長）／ *Column 1 - 8*

三木敦朗（信州大学農学部 助教）／ *Theme 2 - 10*

宮浦富保（龍谷大学先端理工学部 教授）／ *Column 2 - 8*

森田健太郎（東京大学大気海洋研究所 教授）／ *Theme 1 - 9*

山下 洋（京都大学 名誉教授）／ *Theme 2 - 8*

吉村哲彦（島根大学生物資源科学部 教授）／ *Theme 2 - 12*

編著者紹介

二平 章（にひら あきら）

1948年、茨城県生まれ。北海道大学水産学部卒業後、茨城県水産試験場首席研究員、立教大学兼任講師、北日本漁業経済学会会長などを歴任。農学博士（東京大学）。現在、茨城大学人文社会科学部客員研究員、JCFU全国沿岸漁民連絡協議会事務局長、FFPJ農林漁業プラットフォームジャパン副代表。カツオの自然史・文化史研究とともに地域漁業と魚食文化の発展をめざし全国各地でシンポを企画開催。編著書に『レジームシフトと水産資源管理』（恒星社厚生閣、2005年）、『レジームシフト』（成山堂書店、2007年）、『漁業科学とレジームシフト』（東北大学出版会、2017年）などがある。

佐藤 宣子（さとう のりこ）

1961年、福岡県生まれ。九州大学大学院農学研究科博士課程修了（農学博士）後、大分県きのこ研究指導センター研究員、九州大学助手、助教授を経て、現在、九州大学大学院農学研究院教授。林業経済学会会長、NPO法人九州森林ネットワーク理事長を務める。九州の農山村でフィールドワークをしながら、山村振興と持続的な森林管理のあり方、災害に強い林業経営をテーマに研究している。著書に『地域の未来・自伐林業で定住化を図る』（単著、全国林業改良普及協会、2020年）、『林業新時代─「自伐（じばつ）」がひらく農林家の未来』（共編著書、農文協、2014年）、『日本型森林直接支払いに向けて』（編著書、日本林業調査会、2010年）などがある。

テーマで探究　世界の食・農林漁業・環境 ③

ほんとうのエコシステムってなに？
── 漁業・林業を知ると世界がわかる

2023年4月5日　第1刷発行

編著者　　二平 章・佐藤宣子

発行所　　一般社団法人　農山漁村文化協会
　　　　　〒335-0022　埼玉県戸田市上戸田 2丁目2-2
電　話　　048(233)9351（営業）　048(233)9376（編集）
FAX　　　048(299)2812　振替00120-3-144478
URL　　　https://www.ruralnet.or.jp/

ISBN978-4-540-22115-6
〈検印廃止〉
©二平 章・佐藤宣子ほか 2023 Printed in Japan
デザイン／しょうじまこと(ebitai design)、大谷明子
カバーイラスト／平田利之
本文イラスト・図表／岩間みどり（p110、p111、p112、p150）、スリーエム
編集・DTP制作／（株）農文協プロダクション
印刷・製本／凸版印刷（株）
定価はカバーに表示
乱丁・落丁本はお取り替えいたします。

農林水産業は
いのちと暮らしに深くかかわり、
地域、森・里・川・海、日本、
さらには世界とつながっていることを、
問いから深めるシリーズ

B 5判並製（オールカラー）
各 2,600 円＋税／セット価格 7,800 円＋税

テーマで探究　世界の食・農林漁業・環境　**①**

ほんとうのグローバリゼーションってなに?
── 地球の未来への羅針盤 ──

池上甲一・斎藤博嗣 編著

地球環境と飢餓や貧困のような社会的な問題はからみあっている。こうした「地球が病んでいる」現状に対して、食と農からどのような羅針盤を描くことができるだろうか。紛争や難民、平和と農業についても取り上げる。

[取り上げる分野]
地球の気候変動、生物多様性と農業、感染症、飢餓と肥満、都市化と食・農、紛争と難民、平和と食・農、未来への提言

テーマで探究　世界の食・農林漁業・環境　**②**

ほんとうのサステナビリティってなに?
── 食と農のSDGs ──

関根佳恵 編著

食や農に関する「当たり前」を、もう一度問い直す。サステナブルな社会の実現につながるアイデアを、第一線で活躍する研究者たちがデータも交えて丁寧に解説する。自ら探究し、考えるための一冊。

[取り上げる分野]
SDGs、家族農業、日本の食卓から、貿易と流通、土地と労働、テクノロジー、社会と政策

テーマで探究　世界の食・農林漁業・環境　**③**

ほんとうのエコシステムってなに?
── 漁業・林業を知ると世界がわかる ──

二平 章・佐藤宣子 編著

SDGsの根底には「人も自然もすべては関連しあっている」という発想があり、森里川海のつながりに支えられ、そして支えているのが漁業と林業。その営みとわたしたちの日常の暮らしの関係から、未来の社会を考える。

[取り上げる分野]
《漁業》食卓と流通、資源問題、内水面漁業、つくり・育てる漁業、環境と生物多様性、多面的機能、漁業の未来
《林業》世界の林業と日本の暮らし、日本の森のあり方、持続的な森づくりと林業経営